Carta Encíclica sobre el cambio climático y la desigualdad

Papa Francisco

Carta Encíclica sobre el cambio climático y la desigualdad

Laudato Si'
Sobre el cuidado de
la casa común

 MELVILLE HOUSE
BROOKLYN · LONDON

Carta Encíclica sobre
el cambio climático
y la desigualdad

Copyright © 2015 por Librería Edtrice Vacina
Esta edición copyright © 2015 por Melville House Publishing LLC

Primera impresión por Melville House: Septiembre 2015

Melville House Publishing   8 Blackstock Mews
          46 John Street   y   Islington
      Brooklyn, NY 11201   London N4 2BT

mhpbooks.com   facebook.com/mhpbooks   @melvillehouse

ISBN: 978-1-61219-548-3

Impreso en los Estados Unidos de América

10 9 8 7 6 5 4 3 2 1

Información de catalogación en publicación de la Biblioteca del
Congreso esta disponible al solicitarlo

Índice

Carta Encíclica sobre el cambio climático y la desigualdad

Prefacio

1. «Laudato si', mi' Signore» – «Alabado seas, mi Señor», cantaba san Francisco de Asís. En ese hermoso cántico nos recordaba que nuestra casa común es también como una hermana, con la cual compartimos la existencia, y como una madre bella que nos acoge entre sus brazos: «Alabado seas, mi Señor, por la hermana nuestra madre tierra, la cual nos sustenta, y gobierna y produce diversos frutos con coloridas flores y hierba».[1]

2. Esta hermana clama por el daño que le provocamos a causa del uso irresponsable y del abuso de los bienes que Dios ha puesto en ella. Hemos crecido pensando que éramos sus propietarios y dominadores, autorizados a expoliarla. La violencia que hay en el corazón humano, herido por el pecado, también se manifiesta en los síntomas de enfermedad que advertimos en el suelo, en el agua, en el aire y en los seres vivientes. Por eso, entre los pobres más abandonados y maltratados, está nuestra oprimida y devastada tierra, que «gime y sufre dolores de parto» (*Rm* 8,22).

Olvidamos que nosotros mismos somos tierra (cf. *Gn* 2,7). Nuestro propio cuerpo está constituido por los elementos del planeta, su aire es el que nos da el aliento y su agua nos vivifica y restaura.

NADA DE ESTE MUNDO NOS RESULTA INDIFERENTE

3. Hace más de cincuenta años, cuando el mundo estaba vacilando al filo de una crisis nuclear, el santo Papa Juan XXIII escribió una encíclica en la cual no se conformaba con rechazar una guerra, sino que quiso transmitir una propuesta de paz. Dirigió su mensaje *Pacem in terris* a todo el «mundo católico», pero agregaba «y a todos los hombres de buena voluntad». Ahora, frente al deterioro ambiental global, quiero dirigirme a cada persona que habita este planeta. En mi exhortación *Evangelii gaudium*, escribí a los miembros de la Iglesia en orden a movilizar un proceso de reforma misionera todavía pendiente. En esta encíclica, intento especialmente entrar en diálogo con todos acerca de nuestra casa común.

4. Ocho años después de *Pacem in terris*, en 1971, el beato Papa Pablo VI se refirió a la problemática ecológica, presentándola como una crisis, que es «una consecuencia dramática» de la actividad descontrolada del ser humano: «Debido a una explotación inconsiderada de la naturaleza, [el ser humano] corre el riesgo de destruirla y de ser a su vez víctima de esta degradación».[2] También habló a la FAO sobre la posibilidad de una «catástrofe ecológica bajo el efecto de la explosión de la civilización industrial», subrayando la «urgencia y la necesidad de un cambio radical en el comportamiento de la humanidad»,

porque «los progresos científicos más extraordinarios, las proezas técnicas más sorprendentes, el crecimiento económico más prodigioso, si no van acompañados por un auténtico progreso social y moral, se vuelven en definitiva contra el hombre».[3]

5. San Juan Pablo II se ocupó de este tema con un interés cada vez mayor. En su primera encíclica, advirtió que el ser humano parece «no percibir otros significados de su ambiente natural, sino solamente aquellos que sirven a los fines de un uso inmediato y consumo».[4] Sucesivamente llamó a una *conversión* ecológica global.[5] Pero al mismo tiempo hizo notar que se pone poco empeño para «salvaguardar las condiciones morales de una auténtica *ecología humana*».[6] La destrucción del ambiente humano es algo muy serio, porque Dios no sólo le encomendó el mundo al ser humano, sino que su propia vida es un don que debe ser protegido de diversas formas de degradación. Toda pretensión de cuidar y mejorar el mundo supone cambios profundos en «los estilos de vida, los modelos de producción y de consumo, las estructuras consolidadas de poder que rigen hoy la sociedad».[7] El auténtico desarrollo humano posee un carácter moral y supone el pleno respeto a la persona humana, pero también debe prestar atención al mundo natural y «tener en cuenta la naturaleza de cada ser y su mutua conexión en un sistema ordenado».[8] Por lo tanto, la capacidad de transformar la realidad que tiene el ser humano debe desarrollarse sobre la base de la donación originaria de las cosas por parte de Dios.[9]

6. Mi predecesor Benedicto XVI renovó la invitación a «eliminar las causas estructurales de las disfunciones de la economía

mundial y corregir los modelos de crecimiento que parecen incapaces de garantizar el respeto del medio ambiente».[10] Recordó que el mundo no puede ser analizado sólo aislando uno de sus aspectos, porque «el libro de la naturaleza es uno e indivisible», e incluye el ambiente, la vida, la sexualidad, la familia, las relaciones sociales, etc. Por consiguiente, «la degradación de la naturaleza está estrechamente unida a la cultura que modela la convivencia humana».[11] El Papa Benedicto nos propuso reconocer que el ambiente natural está lleno de heridas producidas por nuestro comportamiento irresponsable. También el ambiente social tiene sus heridas. Pero todas ellas se deben en el fondo al mismo mal, es decir, a la idea de que no existen verdades indiscutibles que guíen nuestras vidas, por lo cual la libertad humana no tiene límites. Se olvida que «el hombre no es solamente una libertad que él se crea por sí solo. El hombre no se crea a sí mismo. Es espíritu y voluntad, pero también naturaleza».[12] Con paternal preocupación, nos invitó a tomar conciencia de que la creación se ve perjudicada «donde nosotros mismos somos las últimas instancias, donde el conjunto es simplemente una propiedad nuestra y el consumo es sólo para nosotros mismos. El derroche de la creación comienza donde no reconocemos ya ninguna instancia por encima de nosotros, sino que sólo nos vemos a nosotros mismos».[13]

UNIDOS POR UNA MISMA PREOCUPACIÓN

7. Estos aportes de los Papas recogen la reflexión de innumerables científicos, filósofos, teólogos y organizaciones sociales que enriquecieron el pensamiento de la Iglesia sobre estas

cuestiones. Pero no podemos ignorar que, también fuera de la Iglesia Católica, otras Iglesias y Comunidades cristianas – como también otras religiones– han desarrollado una amplia preocupación y una valiosa reflexión sobre estos temas que nos preocupan a todos. Para poner sólo un ejemplo destacable, quiero recoger brevemente parte del aporte del querido Patriarca Ecuménico Bartolomé, con el que compartimos la esperanza de la comunión eclesial plena.

8. El Patriarca Bartolomé se ha referido particularmente a la necesidad de que cada uno se arrepienta de sus propias maneras de dañar el planeta, porque, «en la medida en que todos generamos pequeños daños ecológicos», estamos llamados a reconocer «nuestra contribución –pequeña o grande– a la desfiguración y destrucción de la creación».[14] Sobre este punto él se ha expresado repetidamente de una manera firme y estimulante, invitándonos a reconocer los pecados contra la creación: «Que los seres humanos destruyan la diversidad biológica en la creación divina; que los seres humanos degraden la integridad de la tierra y contribuyan al cambio climático, desnudando la tierra de sus bosques naturales o destruyendo sus zonas húmedas; que los seres humanos contaminen las aguas, el suelo, el aire. Todos estos son pecados».[15] Porque «un crimen contra la naturaleza es un crimen contra nosotros mismos y un pecado contra Dios».[16]

9. Al mismo tiempo, Bartolomé llamó la atención sobre las raíces éticas y espirituales de los problemas ambientales, que nos invitan a encontrar soluciones no sólo en la técnica sino en un cambio del ser humano, porque de otro modo afrontaríamos sólo los síntomas. Nos propuso pasar del consumo al sacrificio,

de la avidez a la generosidad, del desperdicio a la capacidad de compartir, en una ascesis que «significa aprender a dar, y no simplemente renunciar. Es un modo de amar, de pasar poco a poco de lo que yo quiero a lo que necesita el mundo de Dios. Es liberación del miedo, de la avidez, de la dependencia».[17] Los cristianos, además, estamos llamados a «aceptar el mundo como sacramento de comunión, como modo de compartir con Dios y con el prójimo en una escala global. Es nuestra humilde convicción que lo divino y lo humano se encuentran en el más pequeño detalle contenido en los vestidos sin costuras de la creación de Dios, hasta en el último grano de polvo de nuestro planeta».[18]

SAN FRANCISCO DE ASÍS

10. No quiero desarrollar esta encíclica sin acudir a un modelo bello que puede motivarnos. Tomé su nombre como guía y como inspiración en el momento de mi elección como Obispo de Roma. Creo que Francisco es el ejemplo por excelencia del cuidado de lo que es débil y de una ecología integral, vivida con alegría y autenticidad. Es el santo patrono de todos los que estudian y trabajan en torno a la ecología, amado también por muchos que no son cristianos. Él manifestó una atención particular hacia la creación de Dios y hacia los más pobres y abandonados. Amaba y era amado por su alegría, su entrega generosa, su corazón universal. Era un místico y un peregrino que vivía con simplicidad y en una maravillosa armonía con Dios, con los otros, con la naturaleza y consigo mismo. En él se advierte hasta qué punto son inseparables la preocupación por

la naturaleza, la justicia con los pobres, el compromiso con la sociedad y la paz interior.

11. Su testimonio nos muestra también que una ecología integral requiere apertura hacia categorías que trascienden el lenguaje de las matemáticas o de la biología y nos conectan con la esencia de lo humano. Así como sucede cuando nos enamoramos de una persona, cada vez que él miraba el sol, la luna o los más pequeños animales, su reacción era cantar, incorporando en su alabanza a las demás criaturas. Él entraba en comunicación con todo lo creado, y hasta predicaba a las flores «invitándolas a alabar al Señor, como si gozaran del don de la razón».[19] Su reacción era mucho más que una valoración intelectual o un cálculo económico, porque para él cualquier criatura era una hermana, unida a él con lazos de cariño. Por eso se sentía llamado a cuidar todo lo que existe. Su discípulo san Buenaventura decía de él que, «lleno de la mayor ternura al considerar el origen común de todas las cosas, daba a todas las criaturas, por más despreciables que parecieran, el dulce nombre de hermanas».[20] Esta convicción no puede ser despreciada como un romanticismo irracional, porque tiene consecuencias en las opciones que determinan nuestro comportamiento. Si nos acercamos a la naturaleza y al ambiente sin esta apertura al estupor y a la maravilla, si ya no hablamos el lenguaje de la fraternidad y de la belleza en nuestra relación con el mundo, nuestras actitudes serán las del dominador, del consumidor o del mero explotador de recursos, incapaz de poner un límite a sus intereses inmediatos. En cambio, si nos sentimos íntimamente unidos a todo lo que existe, la sobriedad y el cuidado brotarán de modo espontáneo. La pobreza y la austeridad de

san Francisco no eran un ascetismo meramente exterior, sino algo más radical: una renuncia a convertir la realidad en mero objeto de uso y de dominio.

12. Por otra parte, san Francisco, fiel a la Escritura, nos propone reconocer la naturaleza como un espléndido libro en el cual Dios nos habla y nos refleja algo de su hermosura y de su bondad: «A través de la grandeza y de la belleza de las criaturas, se conoce por analogía al autor» (*Sb* 13,5), y «su eterna potencia y divinidad se hacen visibles para la inteligencia a través de sus obras desde la creación del mundo» (*Rm* 1,20). Por eso, él pedía que en el convento siempre se dejara una parte del huerto sin cultivar, para que crecieran las hierbas silvestres, de manera que quienes las admiraran pudieran elevar su pensamiento a Dios, autor de tanta belleza.[21] El mundo es algo más que un problema a resolver, es un misterio gozoso que contemplamos con jubilosa alabanza.

MI LLAMADO

13. El desafío urgente de proteger nuestra casa común incluye la preocupación de unir a toda la familia humana en la búsqueda de un desarrollo sostenible e integral, pues sabemos que las cosas pueden cambiar. El Creador no nos abandona, nunca hizo marcha atrás en su proyecto de amor, no se arrepiente de habernos creado. La humanidad aún posee la capacidad de colaborar para construir nuestra casa común. Deseo reconocer, alentar y dar las gracias a todos los que, en los más variados sectores de la actividad humana, están trabajando para garantizar la protección de la casa que compartimos. Merecen una gratitud

especial quienes luchan con vigor para resolver las consecuencias dramáticas de la degradación ambiental en las vidas de los más pobres del mundo. Los jóvenes nos reclaman un cambio. Ellos se preguntan cómo es posible que se pretenda construir un futuro mejor sin pensar en la crisis del ambiente y en los sufrimientos de los excluidos.

14. Hago una invitación urgente a un nuevo diálogo sobre el modo como estamos construyendo el futuro del planeta. Necesitamos una conversación que nos una a todos, porque el desafío ambiental que vivimos, y sus raíces humanas, nos interesan y nos impactan a todos. El movimiento ecológico mundial ya ha recorrido un largo y rico camino, y ha generado numerosas agrupaciones ciudadanas que ayudaron a la concientización. Lamentablemente, muchos esfuerzos para buscar soluciones concretas a la crisis ambiental suelen ser frustrados no sólo por el rechazo de los poderosos, sino también por la falta de interés de los demás. Las actitudes que obstruyen los caminos de solución, aun entre los creyentes, van de la negación del problema a la indiferencia, la resignación cómoda o la confianza ciega en las soluciones técnicas. Necesitamos una solidaridad universal nueva. Como dijeron los Obispos de Sudáfrica, «se necesitan los talentos y la implicación *de todos* para reparar el daño causado por el abuso humano a la creación de Dios».[22] Todos podemos colaborar como instrumentos de Dios para el cuidado de la creación, cada uno desde su cultura, su experiencia, sus iniciativas y sus capacidades.

15. Espero que esta Carta encíclica, que se agrega al Magisterio social de la Iglesia, nos ayude a reconocer la grandeza, la

urgencia y la hermosura del desafío que se nos presenta. En primer lugar, haré un breve recorrido por distintos aspectos de la actual crisis ecológica, con el fin de asumir los mejores frutos de la investigación científica actualmente disponible, dejarnos interpelar por ella en profundidad y dar una base concreta al itinerario ético y espiritual como se indica a continuación. A partir de esa mirada, retomaré algunas razones que se desprenden de la tradición judío-cristiana, a fin de procurar una mayor coherencia en nuestro compromiso con el ambiente. Luego intentaré llegar a las raíces de la actual situación, de manera que no miremos sólo los síntomas sino también las causas más profundas. Así podremos proponer una ecología que, entre sus distintas dimensiones, incorpore el lugar peculiar del ser humano en este mundo y sus relaciones con la realidad que lo rodea. A la luz de esa reflexión quisiera avanzar en algunas líneas amplias de diálogo y de acción que involucren tanto a cada uno de nosotros como a la política internacional. Finalmente, puesto que estoy convencido de que todo cambio necesita motivaciones y un camino educativo, propondré algunas líneas de maduración humana inspiradas en el tesoro de la experiencia espiritual cristiana.

16. Si bien cada capítulo posee su temática propia y una metodología específica, a su vez retoma desde una nueva óptica cuestiones importantes abordadas en los capítulos anteriores. Esto ocurre especialmente con algunos ejes que atraviesan toda la encíclica. Por ejemplo: la íntima relación entre los pobres y la fragilidad del planeta, la convicción de que en el mundo todo está conectado, la crítica al nuevo paradigma y a las formas de poder que derivan de la tecnología, la invitación a buscar otros

modos de entender la economía y el progreso, el valor propio de cada criatura, el sentido humano de la ecología, la necesidad de debates sinceros y honestos, la grave responsabilidad de la política internacional y local, la cultura del descarte y la propuesta de un nuevo estilo de vida. Estos temas no se cierran ni abandonan, sino que son constantemente replanteados y enriquecidos.

CAPÍTULO PRIMERO

Lo que le está pasando a nuestra casa

17. Las reflexiones teológicas o filosóficas sobre la situación de la humanidad y del mundo pueden sonar a mensaje repetido y abstracto si no se presentan nuevamente a partir de una confrontación con el contexto actual, en lo que tiene de inédito para la historia de la humanidad. Por eso, antes de reconocer cómo la fe aporta nuevas motivaciones y exigencias frente al mundo del cual formamos parte, propongo detenernos brevemente a considerar lo que le está pasando a nuestra casa común.

18. A la continua aceleración de los cambios de la humanidad y del planeta se une hoy la intensificación de ritmos de vida y de trabajo, en eso que algunos llaman «rapidación». Si bien el cambio es parte de la dinámica de los sistemas complejos, la velocidad que las acciones humanas le imponen hoy contrasta con la natural lentitud de la evolución biológica. A esto se suma el problema de que los objetivos de ese cambio veloz y constante

no necesariamente se orientan al bien común y a un desarrollo humano, sostenible e integral. El cambio es algo deseable, pero se vuelve preocupante cuando se convierte en deterioro del mundo y de la calidad de vida de gran parte de la humanidad.

19. Después de un tiempo de confianza irracional en el progreso y en la capacidad humana, una parte de la sociedad está entrando en una etapa de mayor conciencia. Se advierte una creciente sensibilidad con respecto al ambiente y al cuidado de la naturaleza, y crece una sincera y dolorosa preocupación por lo que está ocurriendo con nuestro planeta. Hagamos un recorrido, que será ciertamente incompleto, por aquellas cuestiones que hoy nos provocan inquietud y que ya no podemos esconder debajo de la alfombra. El objetivo no es recoger información o saciar nuestra curiosidad, sino tomar dolorosa conciencia, atrevernos a convertir en sufrimiento personal lo que le pasa al mundo, y así reconocer cuál es la contribución que cada uno puede aportar.

I. Contaminación y cambio climático

CONTAMINACIÓN, BASURA Y CULTURA DEL DESCARTE

20. Existen formas de contaminación que afectan cotidianamente a las personas. La exposición a los contaminantes atmosféricos produce un amplio espectro de efectos sobre la salud, especialmente de los más pobres, provocando millones

de muertes prematuras. Se enferman, por ejemplo, a causa de la inhalación de elevados niveles de humo que procede de los combustibles que utilizan para cocinar o para calentarse. A ello se suma la contaminación que afecta a todos, debida al transporte, al humo de la industria, a los depósitos de sustancias que contribuyen a la acidificación del suelo y del agua, a los fertilizantes, insecticidas, fungicidas, controladores de malezas y agrotóxicos en general. La tecnología que, ligada a las finanzas, pretende ser la única solución de los problemas, de hecho suele ser incapaz de ver el misterio de las múltiples relaciones que existen entre las cosas, y por eso a veces resuelve un problema creando otros.

21. Hay que considerar también la contaminación producida por los residuos, incluyendo los desechos peligrosos presentes en distintos ambientes. Se producen cientos de millones de toneladas de residuos por año, muchos de ellos no biodegradables: residuos domiciliarios y comerciales, residuos de demolición, residuos clínicos, electrónicos e industriales, residuos altamente tóxicos y radioactivos. La tierra, nuestra casa, parece convertirse cada vez más en un inmenso depósito de porquería. En muchos lugares del planeta, los ancianos añoran los paisajes de otros tiempos, que ahora se ven inundados de basura. Tanto los residuos industriales como los productos químicos utilizados en las ciudades y en el agro pueden producir un efecto de bioacumulación en los organismos de los pobladores de zonas cercanas, que ocurre aun cuando el nivel de presencia de un elemento tóxico en un lugar sea bajo. Muchas veces se toman medidas sólo cuando se han producido efectos irreversibles para la salud de las personas.

22. Estos problemas están íntimamente ligados a la cultura del descarte, que afecta tanto a los seres humanos excluidos como a las cosas que rápidamente se convierten en basura. Advirtamos, por ejemplo, que la mayor parte del papel que se produce se desperdicia y no se recicla. Nos cuesta reconocer que el funcionamiento de los ecosistemas naturales es ejemplar: las plantas sintetizan nutrientes que alimentan a los herbívoros; estos a su vez alimentan a los seres carnívoros, que proporcionan importantes cantidades de residuos orgánicos, los cuales dan lugar a una nueva generación de vegetales. En cambio, el sistema industrial, al final del ciclo de producción y de consumo, no ha desarrollado la capacidad de absorber y reutilizar residuos y desechos. Todavía no se ha logrado adoptar un modelo circular de producción que asegure recursos para todos y para las generaciones futuras, y que supone limitar al máximo el uso de los recursos no renovables, moderar el consumo, maximizar la eficiencia del aprovechamiento, reutilizar y reciclar. Abordar esta cuestión sería un modo de contrarrestar la cultura del descarte, que termina afectando al planeta entero, pero observamos que los avances en este sentido son todavía muy escasos.

EL CLIMA COMO BIEN COMÚN

23. El clima es un bien común, de todos y para todos. A nivel global, es un sistema complejo relacionado con muchas condiciones esenciales para la vida humana. Hay un consenso científico muy consistente que indica que nos encontramos ante un preocupante calentamiento del sistema climático. En las últimas décadas, este calentamiento ha estado acompañado del

constante crecimiento del nivel del mar, y además es difícil no relacionarlo con el aumento de eventos meteorológicos extremos, más allá de que no pueda atribuirse una causa científicamente determinable a cada fenómeno particular. La humanidad está llamada a tomar conciencia de la necesidad de realizar cambios de estilos de vida, de producción y de consumo, para combatir este calentamiento o, al menos, las causas humanas que lo producen o acentúan. Es verdad que hay otros factores (como el vulcanismo, las variaciones de la órbita y del eje de la Tierra o el ciclo solar), pero numerosos estudios científicos señalan que la mayor parte del calentamiento global de las últimas décadas se debe a la gran concentración de gases de efecto invernadero (dióxido de carbono, metano, óxidos de nitrógeno y otros) emitidos sobre todo a causa de la actividad humana. Al concentrarse en la atmósfera, impiden que el calor de los rayos solares reflejados por la tierra se disperse en el espacio. Esto se ve potenciado especialmente por el patrón de desarrollo basado en el uso intensivo de combustibles fósiles, que hace al corazón del sistema energético mundial. También ha incidido el aumento en la práctica del cambio de usos del suelo, principalmente la deforestación para agricultura.

24. A su vez, el calentamiento tiene efectos sobre el ciclo del carbono. Crea un círculo vicioso que agrava aún más la situación, y que afectará la disponibilidad de recursos imprescindibles como el agua potable, la energía y la producción agrícola de las zonas más cálidas, y provocará la extinción de parte de la biodiversidad del planeta. El derretimiento de los hielos polares y de planicies de altura amenaza con una liberación de alto riesgo de gas metano, y la descomposición de la materia

orgánica congelada podría acentuar todavía más la emanación de dióxido de carbono. A su vez, la pérdida de selvas tropicales empeora las cosas, ya que ayudan a mitigar el cambio climático. La contaminación que produce el dióxido de carbono aumenta la acidez de los océanos y compromete la cadena alimentaria marina. Si la actual tendencia continúa, este siglo podría ser testigo de cambios climáticos inauditos y de una destrucción sin precedentes de los ecosistemas, con graves consecuencias para todos nosotros. El crecimiento del nivel del mar, por ejemplo, puede crear situaciones de extrema gravedad si se tiene en cuenta que la cuarta parte de la población mundial vive junto al mar o muy cerca de él, y la mayor parte de las megaciudades están situadas en zonas costeras.

25. El cambio climático es un problema global con graves dimensiones ambientales, sociales, económicas, distributivas y políticas, y plantea uno de los principales desafíos actuales para la humanidad. Los peores impactos probablemente recaerán en las próximas décadas sobre los países en desarrollo. Muchos pobres viven en lugares particularmente afectados por fenómenos relacionados con el calentamiento, y sus medios de subsistencia dependen fuertemente de las reservas naturales y de los servicios ecosistémicos, como la agricultura, la pesca y los recursos forestales. No tienen otras actividades financieras y otros recursos que les permitan adaptarse a los impactos climáticos o hacer frente a situaciones catastróficas, y poseen poco acceso a servicios sociales y a protección. Por ejemplo, los cambios del clima originan migraciones de animales y vegetales que no siempre pueden adaptarse, y esto a su vez afecta los recursos productivos de los más pobres, quienes también se ven obligados a migrar

CARTA ENCÍCLICA SOBRE EL CAMBIO CLIMÁTICO Y LA DESIGUALDAD   21

con gran incertidumbre por el futuro de sus vidas y de sus hijos. Es trágico el aumento de los migrantes huyendo de la miseria empeorada por la degradación ambiental, que no son reconocidos como refugiados en las convenciones internacionales y llevan el peso de sus vidas abandonadas sin protección normativa alguna. Lamentablemente, hay una general indiferencia ante estas tragedias, que suceden ahora mismo en distintas partes del mundo. La falta de reacciones ante estos dramas de nuestros hermanos y hermanas es un signo de la pérdida de aquel sentido de responsabilidad por nuestros semejantes sobre el cual se funda toda sociedad civil.

26. Muchos de aquellos que tienen más recursos y poder económico o político parecen concentrarse sobre todo en enmascarar los problemas o en ocultar los síntomas, tratando sólo de reducir algunos impactos negativos del cambio climático. Pero muchos síntomas indican que esos efectos podrán ser cada vez peores si continuamos con los actuales modelos de producción y de consumo. Por eso se ha vuelto urgente e imperioso el desarrollo de políticas para que en los próximos años la emisión de dióxido de carbono y de otros gases altamente contaminantes sea reducida drásticamente, por ejemplo, reemplazando la utilización de combustibles fósiles y desarrollando fuentes de energía renovable. En el mundo hay un nivel exiguo de acceso a energías limpias y renovables. Todavía es necesario desarrollar tecnologías adecuadas de acumulación. Sin embargo, en algunos países se han dado avances que comienzan a ser significativos, aunque estén lejos de lograr una proporción importante. También ha habido algunas inversiones en formas de producción y de transporte que consumen menos energía y

requieren menos cantidad de materia prima, así como en formas de construcción o de saneamiento de edificios para mejorar
su eficiencia energética. Pero estas buenas prácticas están lejos
de generalizarse.

II. La cuestión del agua

27. Otros indicadores de la situación actual tienen que ver con el
agotamiento de los recursos naturales. Conocemos bien la im-
posibilidad de sostener el actual nivel de consumo de los países
más desarrollados y de los sectores más ricos de las sociedades,
donde el hábito de gastar y tirar alcanza niveles inauditos. Ya
se han rebasado ciertos límites máximos de explotación del planeta, sin que hayamos resuelto el problema de la pobreza.

28. El agua potable y limpia representa una cuestión de primera importancia, porque es indispensable para la vida humana y para sustentar los ecosistemas terrestres y acuáticos.
Las fuentes de agua dulce abastecen a sectores sanitarios, agropecuarios e industriales. La provisión de agua permaneció
relativamente constante durante mucho tiempo, pero ahora en
muchos lugares la demanda supera a la oferta sostenible, con
graves consecuencias a corto y largo término. Grandes ciudades
que dependen de un importante nivel de almacenamiento de
agua, sufren períodos de disminución del recurso, que en los
momentos críticos no se administra siempre con una adecuada
gobernanza y con imparcialidad. La pobreza del agua social
se da especialmente en África, donde grandes sectores de la

población no acceden al agua potable segura, o padecen sequías que dificultan la producción de alimentos. En algunos países hay regiones con abundante agua y al mismo tiempo otras que padecen grave escasez.

29. Un problema particularmente serio es el de la calidad del agua disponible para los pobres, que provoca muchas muertes todos los días. Entre los pobres son frecuentes enfermedades relacionadas con el agua, incluidas las causadas por microorganismos y por sustancias químicas. La diarrea y el cólera, que se relacionan con servicios higiénicos y provisión de agua inadecuados, son un factor significativo de sufrimiento y de mortalidad infantil. Las aguas subterráneas en muchos lugares están amenazadas por la contaminación que producen algunas actividades extractivas, agrícolas e industriales, sobre todo en países donde no hay una reglamentación y controles suficientes. No pensemos solamente en los vertidos de las fábricas. Los detergentes y productos químicos que utiliza la población en muchos lugares del mundo siguen derramándose en ríos, lagos y mares.

30. Mientras se deteriora constantemente la calidad del agua disponible, en algunos lugares avanza la tendencia a privatizar este recurso escaso, convertido en mercancía que se regula por las leyes del mercado. En realidad, *el acceso al agua potable y segura es un derecho humano básico, fundamental y universal, porque determina la sobrevivencia de las personas, y por lo tanto es condición para el ejercicio de los demás derechos humanos.* Este mundo tiene una grave deuda social con los pobres que no tienen acceso al agua potable, porque eso *es negarles el derecho a la vida radicado*

en su dignidad inalienable. Esa deuda se salda en parte con más aportes económicos para proveer de agua limpia y saneamiento a los pueblos más pobres. Pero se advierte un derroche de agua no sólo en países desarrollados, sino también en aquellos menos desarrollados que poseen grandes reservas. Esto muestra que el problema del agua es en parte una cuestión educativa y cultural, porque no hay conciencia de la gravedad de estas conductas en un contexto de gran inequidad.

31. Una mayor escasez de agua provocará el aumento del costo de los alimentos y de distintos productos que dependen de su uso. Algunos estudios han alertado sobre la posibilidad de sufrir una escasez aguda de agua dentro de pocas décadas si no se actúa con urgencia. Los impactos ambientales podrían afectar a miles de millones de personas, pero es previsible que el control del agua por parte de grandes empresas mundiales se convierta en una de las principales fuentes de conflictos de este siglo.[23]

III. Pérdida de biodiversidad

32. Los recursos de la tierra también están siendo depredados a causa de formas inmediatistas de entender la economía y la actividad comercial y productiva. La pérdida de selvas y bosques implica al mismo tiempo la pérdida de especies que podrían significar en el futuro recursos sumamente importantes, no sólo para la alimentación, sino también para la curación de enfermedades y para múltiples servicios. Las diversas especies contienen genes que pueden ser recursos claves para resolver en el

futuro alguna necesidad humana o para regular algún problema ambiental.

33. Pero no basta pensar en las distintas especies sólo como eventuales «recursos» explotables, olvidando que tienen un valor en sí mismas. Cada año desaparecen miles de especies vegetales y animales que ya no podremos conocer, que nuestros hijos ya no podrán ver, perdidas para siempre. La inmensa mayoría se extinguen por razones que tienen que ver con alguna acción humana. Por nuestra causa, miles de especies ya no darán gloria a Dios con su existencia ni podrán comunicarnos su propio mensaje. No tenemos derecho.

34. Posiblemente nos inquieta saber de la extinción de un mamífero o de un ave, por su mayor visibilidad. Pero para el buen funcionamiento de los ecosistemas también son necesarios los hongos, las algas, los gusanos, los insectos, los reptiles y la innumerable variedad de microorganismos. Algunas especies poco numerosas, que suelen pasar desapercibidas, juegan un rol crítico fundamental para estabilizar el equilibrio de un lugar. Es verdad que el ser humano debe intervenir cuando un geosistema entra en estado crítico, pero hoy el nivel de intervención humana en una realidad tan compleja como la naturaleza es tal, que los constantes desastres que el ser humano ocasiona provocan una nueva intervención suya, de tal modo que la actividad humana se hace omnipresente, con todos los riesgos que esto implica. Suele crearse un círculo vicioso donde la intervención del ser humano para resolver una dificultad muchas veces agrava más la situación. Por ejemplo, muchos pájaros e insectos que desaparecen a causa de los agrotóxicos creados

por la tecnología son útiles a la misma agricultura, y su desaparición deberá ser sustituida con otra intervención tecnológica, que posiblemente traerá nuevos efectos nocivos. Son loables y a veces admirables los esfuerzos de científicos y técnicos que tratan de aportar soluciones a los problemas creados por el ser humano. Pero mirando el mundo advertimos que este nivel de intervención humana, frecuentemente al servicio de las finanzas y del consumismo, hace que la tierra en que vivimos en realidad se vuelva menos rica y bella, cada vez más limitada y gris, mientras al mismo tiempo el desarrollo de la tecnología y de las ofertas de consumo sigue avanzando sin límite. De este modo, parece que pretendiéramos sustituir una belleza irreemplazable e irrecuperable, por otra creada por nosotros.

35. Cuando se analiza el impacto ambiental de algún emprendimiento, se suele atender a los efectos en el suelo, en el agua y en el aire, pero no siempre se incluye un estudio cuidadoso sobre el impacto en la biodiversidad, como si la pérdida de algunas especies o de grupos animales o vegetales fuera algo de poca relevancia. Las carreteras, los nuevos cultivos, los alambrados, los embalses y otras construcciones van tomando posesión de los hábitats y a veces los fragmentan de tal manera que las poblaciones de animales ya no pueden migrar ni desplazarse libremente, de modo que algunas especies entran en riesgo de extinción. Existen alternativas que al menos mitigan el impacto de estas obras, como la creación de corredores biológicos, pero en pocos países se advierte este cuidado y esta previsión. Cuando se explotan comercialmente algunas especies, no siempre se estudia su forma de crecimiento para evitar su disminución excesiva con el consiguiente desequilibrio del ecosistema.

36. El cuidado de los ecosistemas supone una mirada que vaya más allá de lo inmediato, porque cuando sólo se busca un rédito económico rápido y fácil, a nadie le interesa realmente su preservación. Pero el costo de los daños que se ocasionan por el descuido egoísta es muchísimo más alto que el beneficio económico que se pueda obtener. En el caso de la pérdida o el daño grave de algunas especies, estamos hablando de valores que exceden todo cálculo. Por eso, podemos ser testigos mudos de gravísimas inequidades cuando se pretende obtener importantes beneficios haciendo pagar al resto de la humanidad, presente y futura, los altísimos costos de la degradación ambiental.

37. Algunos países han avanzado en la preservación eficaz de ciertos lugares y zonas –en la tierra y en los océanos– donde se prohíbe toda intervención humana que pueda modificar su fisonomía o alterar su constitución original. En el cuidado de la biodiversidad, los especialistas insisten en la necesidad de poner especial atención a las zonas más ricas en variedad de especies, en especies endémicas, poco frecuentes o con menor grado de protección efectiva. Hay lugares que requieren un cuidado particular por su enorme importancia para el ecosistema mundial, o que constituyen importantes reservas de agua y así aseguran otras formas de vida.

38. Mencionemos, por ejemplo, esos pulmones del planeta repletos de biodiversidad que son la Amazonia y la cuenca fluvial del Congo, o los grandes acuíferos y los glaciares. No se ignora la importancia de esos lugares para la totalidad del planeta y para el futuro de la humanidad. Los ecosistemas de las selvas tropicales tienen una biodiversidad con una enorme

complejidad, casi imposible de reconocer integralmente, pero cuando esas selvas son quemadas o arrasadas para desarrollar cultivos, en pocos años se pierden innumerables especies, cuando no se convierten en áridos desiertos. Sin embargo, un delicado equilibrio se impone a la hora de hablar sobre estos lugares, porque tampoco se pueden ignorar los enormes intereses económicos internacionales que, bajo el pretexto de cuidarlos, pueden atentar contra las soberanías nacionales. De hecho, existen «propuestas de internacionalización de la Amazonia, que sólo sirven a los intereses económicos de las corporaciones transnacionales».[24] Es loable la tarea de organismos internacionales y de organizaciones de la sociedad civil que sensibilizan a las poblaciones y cooperan críticamente, también utilizando legítimos mecanismos de presión, para que cada gobierno cumpla con su propio e indelegable deber de preservar el ambiente y los recursos naturales de su país, sin venderse a intereses espurios locales o internacionales.

39. El reemplazo de la flora silvestre por áreas forestadas con árboles, que generalmente son monocultivos, tampoco suele ser objeto de un adecuado análisis. Porque puede afectar gravemente a una biodiversidad que no es albergada por las nuevas especies que se implantan. También los humedales, que son transformados en terreno de cultivo, pierden la enorme biodiversidad que acogían. En algunas zonas costeras, es preocupante la desaparición de los ecosistemas constituidos por manglares.

40. Los océanos no sólo contienen la mayor parte del agua del planeta, sino también la mayor parte de la vasta variedad de seres vivientes, muchos de ellos todavía desconocidos para nosotros

y amenazados por diversas causas. Por otra parte, la vida en los ríos, lagos, mares y océanos, que alimenta a gran parte de la población mundial, se ve afectada por el descontrol en la extracción de los recursos pesqueros, que provoca disminuciones drásticas de algunas especies. Todavía siguen desarrollándose formas selectivas de pesca que desperdician gran parte de las especies recogidas. Están especialmente amenazados organismos marinos que no tenemos en cuenta, como ciertas formas de plancton que constituyen un componente muy importante en la cadena alimentaria marina, y de las cuales dependen, en definitiva, especies que utilizamos para alimentarnos.

41. Adentrándonos en los mares tropicales y subtropicales, encontramos las barreras de coral, que equivalen a las grandes selvas de la tierra, porque hospedan aproximadamente un millón de especies, incluyendo peces, cangrejos, moluscos, esponjas, algas, etc. Muchas de las barreras de coral del mundo hoy ya son estériles o están en un continuo estado de declinación: «¿Quién ha convertido el maravilloso mundo marino en cementerios subacuáticos despojados de vida y de color?».[25] Este fenómeno se debe en gran parte a la contaminación que llega al mar como resultado de la deforestación, de los monocultivos agrícolas, de los vertidos industriales y de métodos destructivos de pesca, especialmente los que utilizan cianuro y dinamita. Se agrava por el aumento de la temperatura de los océanos. Todo esto nos ayuda a darnos cuenta de que cualquier acción sobre la naturaleza puede tener consecuencias que no advertimos a simple vista, y que ciertas formas de explotación de recursos se hacen a costa de una degradación que finalmente llega *hasta el fondo de los océanos.*

42. Es necesario invertir mucho más en investigación para entender mejor el comportamiento de los ecosistemas y analizar adecuadamente las diversas variables de impacto de cualquier modificación importante del ambiente. Porque todas las criaturas están conectadas, cada una debe ser valorada con afecto y admiración, y todos los seres nos necesitamos unos a otros. Cada territorio tiene una responsabilidad en el cuidado de esta familia, por lo cual debería hacer un cuidadoso inventario de las especies que alberga en orden a desarrollar programas y estrategias de protección, cuidando con especial preocupación a las especies en vías de extinción.

IV. Deterioro de la calidad de la vida humana y degradación social

43. Si tenemos en cuenta que el ser humano también es una criatura de este mundo, que tiene derecho a vivir y a ser feliz, y que además tiene una dignidad especialísima, no podemos dejar de considerar los efectos de la degradación ambiental, del actual modelo de desarrollo y de la cultura del descarte en la vida de las personas.

44. Hoy advertimos, por ejemplo, el crecimiento desmedido y desordenado de muchas ciudades que se han hecho insalubres para vivir, debido no solamente a la contaminación originada por las emisiones tóxicas, sino también al caos urbano, a los problemas del transporte y a la contaminación visual y

acústica. Muchas ciudades son grandes estructuras ineficientes que gastan energía y agua en exceso. Hay barrios que, aunque hayan sido construidos recientemente, están congestionados y desordenados, sin espacios verdes suficientes. No es propio de habitantes de este planeta vivir cada vez más inundados de cemento, asfalto, vidrio y metales, privados del contacto físico con la naturaleza.

45. En algunos lugares, rurales y urbanos, la privatización de los espacios ha hecho que el acceso de los ciudadanos a zonas de particular belleza se vuelva difícil. En otros, se crean urbanizaciones «ecológicas» sólo al servicio de unos pocos, donde se procura evitar que otros entren a molestar una tranquilidad artificial. Suele encontrarse una ciudad bella y llena de espacios verdes bien cuidados en algunas áreas «seguras», pero no tanto en zonas menos visibles, donde viven los descartables de la sociedad.

46. Entre los componentes sociales del cambio global se incluyen los efectos laborales de algunas innovaciones tecnológicas, la exclusión social, la inequidad en la disponibilidad y el consumo de energía y de otros servicios, la fragmentación social, el crecimiento de la violencia y el surgimiento de nuevas formas de agresividad social, el narcotráfico y el consumo creciente de drogas entre los más jóvenes, la pérdida de identidad. Son signos, entre otros, que muestran que el crecimiento de los últimos dos siglos no ha significado en todos sus aspectos un verdadero progreso integral y una mejora de la calidad de vida. Algunos de estos signos son al mismo tiempo síntomas de una verdadera degradación social, de una silenciosa ruptura de los lazos de integración y de comunión social.

47. A esto se agregan las dinámicas de los medios del mundo digital que, cuando se convierten en omnipresentes, no favorecen el desarrollo de una capacidad de vivir sabiamente, de pensar en profundidad, de amar con generosidad. Los grandes sabios del pasado, en este contexto, correrían el riesgo de apagar su sabiduría en medio del ruido dispersivo de la información. Esto nos exige un esfuerzo para que esos medios se traduzcan en un nuevo desarrollo cultural de la humanidad y no en un deterioro de su riqueza más profunda. La verdadera sabiduría, producto de la reflexión, del diálogo y del encuentro generoso entre las personas, no se consigue con una mera acumulación de datos que termina saturando y obnubilando, en una especie de contaminación mental. Al mismo tiempo, tienden a reemplazarse las relaciones reales con los demás, con todos los desafíos que implican, por un tipo de comunicación mediada por internet. Esto permite seleccionar o eliminar las relaciones según nuestro arbitrio, y así suele generarse un nuevo tipo de emociones artificiales, que tienen que ver más con dispositivos y pantallas que con las personas y la naturaleza. Los medios actuales permiten que nos comuniquemos y que compartamos conocimientos y afectos. Sin embargo, a veces también nos impiden tomar contacto directo con la angustia, con el temblor, con la alegría del otro y con la complejidad de su experiencia personal. Por eso no debería llamar la atención que, junto con la abrumadora oferta de estos productos, se desarrolle una profunda y melancólica insatisfacción en las relaciones interpersonales, o un dañino aislamiento.

V. Inequidad planetaria

48. El ambiente humano y el ambiente natural se degradan juntos, y no podremos afrontar adecuadamente la degradación ambiental si no prestamos atención a causas que tienen que ver con la degradación humana y social. De hecho, el deterioro del ambiente y el de la sociedad afectan de un modo especial a los más débiles del planeta: «Tanto la experiencia común de la vida ordinaria como la investigación científica demuestran que los más graves efectos de todas las agresiones ambientales los sufre la gente más pobre».[26] Por ejemplo, el agotamiento de las reservas ictícolas perjudica especialmente a quienes viven de la pesca artesanal y no tienen cómo reemplazarla, la contaminación del agua afecta particularmente a los más pobres que no tienen posibilidad de comprar agua envasada, y la elevación del nivel del mar afecta principalmente a las poblaciones costeras empobrecidas que no tienen a dónde trasladarse. El impacto de los desajustes actuales se manifiesta también en la muerte prematura de muchos pobres, en los conflictos generados por falta de recursos y en tantos otros problemas que no tienen espacio suficiente en las agendas del mundo.[27]

49. Quisiera advertir que no suele haber conciencia clara de los problemas que afectan particularmente a los excluidos. Ellos son la mayor parte del planeta, miles de millones de personas. Hoy están presentes en los debates políticos y económicos internacionales, pero frecuentemente parece que sus problemas se plantean como un apéndice, como una cuestión que se añade casi por obligación o de manera periférica, si es que no se los considera un mero daño colateral. De hecho, a la hora de la

actuación concreta, quedan frecuentemente en el último lugar. Ello se debe en parte a que muchos profesionales, formadores de opinión, medios de comunicación y centros de poder están ubicados lejos de ellos, en áreas urbanas aisladas, sin tomar contacto directo con sus problemas. Viven y reflexionan desde la comodidad de un desarrollo y de una calidad de vida que no están al alcance de la mayoría de la población mundial. Esta falta de contacto físico y de encuentro, a veces favorecida por la desintegración de nuestras ciudades, ayuda a cauterizar la conciencia y a ignorar parte de la realidad en análisis sesgados. Esto a veces convive con un discurso «verde». Pero hoy no podemos dejar de reconocer que *un verdadero planteo ecológico se convierte siempre en un planteo social*, que debe integrar la justicia en las discusiones sobre el ambiente, para escuchar *tanto el clamor de la tierra como el clamor de los pobres*.

50. En lugar de resolver los problemas de los pobres y de pensar en un mundo diferente, algunos atinan sólo a proponer una reducción de la natalidad. No faltan presiones internacionales a los países en desarrollo, condicionando ayudas económicas a ciertas políticas de «salud reproductiva». Pero, «si bien es cierto que la desigual distribución de la población y de los recursos disponibles crean obstáculos al desarrollo y al uso sostenible del ambiente, debe reconocerse que el crecimiento demográfico es plenamente compatible con un desarrollo integral y solidario».[28] Culpar al aumento de la población y no al consumismo extremo y selectivo de algunos es un modo de no enfrentar los problemas. Se pretende legitimar así el modelo distributivo actual, donde una minoría se cree con el derecho de consumir en una proporción que sería imposible generalizar, porque el planeta

no podría ni siquiera contener los residuos de semejante consumo. Además, sabemos que se desperdicia aproximadamente un tercio de los alimentos que se producen, y «el alimento que se desecha es como si se robara de la mesa del pobre».[29] De cualquier manera, es cierto que hay que prestar atención al desequilibrio en la distribución de la población sobre el territorio, tanto en el nivel nacional como en el global, porque el aumento del consumo llevaría a situaciones regionales complejas, por las combinaciones de problemas ligados a la contaminación ambiental, al transporte, al tratamiento de residuos, a la pérdida de recursos, a la calidad de vida.

51. La inequidad no afecta sólo a individuos, sino a países enteros, y obliga a pensar en una ética de las relaciones internacionales. Porque hay una verdadera «deuda ecológica», particularmente entre el Norte y el Sur, relacionada con desequilibrios comerciales con consecuencias en el ámbito ecológico, así como con el uso desproporcionado de los recursos naturales llevado a cabo históricamente por algunos países. Las exportaciones de algunas materias primas para satisfacer los mercados en el Norte industrializado han producido daños locales, como la contaminación con mercurio en la minería del oro o con dióxido de azufre en la del cobre. Especialmente hay que computar el uso del espacio ambiental de todo el planeta para depositar residuos gaseosos que se han ido acumulando durante dos siglos y han generado una situación que ahora afecta a todos los países del mundo. El calentamiento originado por el enorme consumo de algunos países ricos tiene repercusiones en los lugares más pobres de la tierra, especialmente en África, donde el aumento de la temperatura unido a la sequía hace estragos en el rendimiento

de los cultivos. A esto se agregan los daños causados por la exportación hacia los países en desarrollo de residuos sólidos y líquidos tóxicos, y por la actividad contaminante de empresas que hacen en los países menos desarrollados lo que no pueden hacer en los países que les aportan capital: «Constatamos que con frecuencia las empresas que obran así son multinacionales, que hacen aquí lo que no se les permite en países desarrollados o del llamado primer mundo. Generalmente, al cesar sus actividades y al retirarse, dejan grandes pasivos humanos y ambientales, como la desocupación, pueblos sin vida, agotamiento de algunas reservas naturales, deforestación, empobrecimiento de la agricultura y ganadería local, cráteres, cerros triturados, ríos contaminados y algunas pocas obras sociales que ya no se pueden sostener».[30]

52. La deuda externa de los países pobres se ha convertido en un instrumento de control, pero no ocurre lo mismo con la deuda ecológica. De diversas maneras, los pueblos en vías de desarrollo, donde se encuentran las más importantes reservas de la biosfera, siguen alimentando el desarrollo de los países más ricos a costa de su presente y de su futuro. La tierra de los pobres del Sur es rica y poco contaminada, pero el acceso a la propiedad de los bienes y recursos para satisfacer sus necesidades vitales les está vedado por un sistema de relaciones comerciales y de propiedad estructuralmente perverso. Es necesario que los países desarrollados contribuyan a resolver esta deuda limitando de manera importante el consumo de energía no renovable y aportando recursos a los países más necesitados para apoyar políticas y programas de desarrollo sostenible. Las regiones y los países más pobres tienen menos posibilidades de

adoptar nuevos modelos en orden a reducir el impacto ambiental, porque no tienen la capacitación para desarrollar los procesos necesarios y no pueden cubrir los costos. Por eso, hay que mantener con claridad la conciencia de que en el cambio climático hay *responsabilidades diversificadas* y, como dijeron los Obispos de Estados Unidos, corresponde enfocarse «especialmente en las necesidades de los pobres, débiles y vulnerables, en un debate a menudo dominado por intereses más poderosos».[31] Necesitamos fortalecer la conciencia de que somos una sola familia humana. No hay fronteras ni barreras políticas o sociales que nos permitan aislarnos, y por eso mismo tampoco hay espacio para la globalización de la indiferencia.

VI. La debilidad de las reacciones

53. Estas situaciones provocan el gemido de la hermana tierra, que se une al gemido de los abandonados del mundo, con un clamor que nos reclama otro rumbo. Nunca hemos maltratado y lastimado nuestra casa común como en los últimos dos siglos. Pero estamos llamados a ser los instrumentos del Padre Dios para que nuestro planeta sea lo que él soñó al crearlo y responda a su proyecto de paz, belleza y plenitud. El problema es que no disponemos todavía de la cultura necesaria para enfrentar esta crisis y hace falta construir liderazgos que marquen caminos, buscando atender las necesidades de las generaciones actuales incluyendo a todos, sin perjudicar a las generaciones futuras. Se vuelve indispensable crear un sistema normativo

que incluya límites infranqueables y asegure la protección de
los ecosistemas, antes que las nuevas formas de poder derivadas
del paradigma tecnoeconómico terminen arrasando no sólo con
la política sino también con la libertad y la justicia.

54. Llama la atención la debilidad de la reacción política internacional. El sometimiento de la política ante la tecnología y las
finanzas se muestra en el fracaso de las Cumbres mundiales
sobre medio ambiente. Hay demasiados intereses particulares y
muy fácilmente el interés económico llega a prevalecer sobre el
bien común y a manipular la información para no ver afectados
sus proyectos. En esta línea, el *Documento de Aparecida* reclama
que «en las intervenciones sobre los recursos naturales no pre-
dominen los intereses de grupos económicos que arrasan irracionalmente las fuentes de vida».[32] La alianza entre la economía
y la tecnología termina dejando afuera lo que no forme parte
de sus intereses inmediatos. Así sólo podrían esperarse algunas declamaciones superficiales, acciones filantrópicas aisladas,
y aun esfuerzos por mostrar sensibilidad hacia el medio ambiente, cuando en la realidad cualquier intento de las organizaciones sociales por modificar las cosas será visto como una
molestia provocada por ilusos románticos o como un obstáculo
a sortear.

55. Poco a poco algunos países pueden mostrar avances importantes, el desarrollo de controles más eficientes y una lucha más
sincera contra la corrupción. Hay más sensibilidad ecológica en
las poblaciones, aunque no alcanza para modificar los hábitos
dañinos de consumo, que no parecen ceder sino que se am-
plían y desarrollan. Es lo que sucede, para dar sólo un sencillo

ejemplo, con el creciente aumento del uso y de la intensidad de los acondicionadores de aire. Los mercados, procurando un beneficio inmediato, estimulan todavía más la demanda. Si alguien observara desde afuera la sociedad planetaria, se asombraría ante semejante comportamiento que a veces parece suicida.

56. Mientras tanto, los poderes económicos continúan justificando el actual sistema mundial, donde priman una especulación y una búsqueda de la renta financiera que tienden a ignorar todo contexto y los efectos sobre la dignidad humana y el medio ambiente. Así se manifiesta que la degradación ambiental y la degradación humana y ética están íntimamente unidas. Muchos dirán que no tienen conciencia de realizar acciones inmorales, porque la distracción constante nos quita la valentía de advertir la realidad de un mundo limitado y finito. Por eso, hoy «cualquier cosa que sea frágil, como el medio ambiente, queda indefensa ante los intereses del mercado divinizado, convertidos en regla absoluta».[33]

57. Es previsible que, ante el agotamiento de algunos recursos, se vaya creando un escenario favorable para nuevas guerras, disfrazadas detrás de nobles reivindicaciones. La guerra siempre produce daños graves al medio ambiente y a la riqueza cultural de las poblaciones, y los riesgos se agigantan cuando se piensa en las armas nucleares y en las armas biológicas. Porque, «a pesar de que determinados acuerdos internacionales prohíban la guerra química, bacteriológica y biológica, de hecho en los laboratorios se sigue investigando para el desarrollo de nuevas armas ofensivas, capaces de alterar los equilibrios naturales».[34]

Se requiere de la política una mayor atención para prevenir y resolver las causas que puedan originar nuevos conflictos. Pero el poder conectado con las finanzas es el que más se resiste a este esfuerzo, y los diseños políticos no suelen tener amplitud de miras. ¿Para qué se quiere preservar hoy un poder que será recordado por su incapacidad de intervenir cuando era urgente y necesario hacerlo?

58. En algunos países hay ejemplos positivos de logros en la mejora del ambiente, como la purificación de algunos ríos que han estado contaminados durante muchas décadas, o la recuperación de bosques autóctonos, o el embellecimiento de paisajes con obras de saneamiento ambiental, o proyectos edilicios de gran valor estético, o avances en la producción de energía no contaminante, en la mejora del transporte público. Estas acciones no resuelven los problemas globales, pero confirman que el ser humano todavía es capaz de intervenir positivamente. Como ha sido creado para amar, en medio de sus límites brotan inevitablemente gestos de generosidad, solidaridad y cuidado.

59. Al mismo tiempo, crece una ecología superficial o aparente que consolida un cierto adormecimiento y una alegre irresponsabilidad. Como suele suceder en épocas de profundas crisis, que requieren decisiones valientes, tenemos la tentación de pensar que lo que está ocurriendo no es cierto. Si miramos la superficie, más allá de algunos signos visibles de contaminación y de degradación, parece que las cosas no fueran tan graves y que el planeta podría persistir por mucho tiempo en las actuales condiciones. Este comportamiento evasivo nos sirve para seguir con nuestros estilos de vida, de producción y de consumo. Es el

modo como el ser humano se las arregla para alimentar todos los vicios autodestructivos: intentando no verlos, luchando para no reconocerlos, postergando las decisiones importantes, actuando como si nada ocurriera.

VII. Diversidad de opiniones

60. Finalmente, reconozcamos que se han desarrollado diversas visiones y líneas de pensamiento acerca de la situación y de las posibles soluciones. En un extremo, algunos sostienen a toda costa el mito del progreso y afirman que los problemas ecológicos se resolverán simplemente con nuevas aplicaciones técnicas, sin consideraciones éticas ni cambios de fondo. En el otro extremo, otros entienden que el ser humano, con cualquiera de sus intervenciones, sólo puede ser una amenaza y perjudicar al ecosistema mundial, por lo cual conviene reducir su presencia en el planeta e impedirle todo tipo de intervención. Entre estos extremos, la reflexión debería identificar posibles escenarios futuros, porque no hay un solo camino de solución. Esto daría lugar a diversos aportes que podrían entrar en diálogo hacia respuestas integrales.

61. Sobre muchas cuestiones concretas la Iglesia no tiene por qué proponer una palabra definitiva y entiende que debe escuchar y promover el debate honesto entre los científicos, respetando la diversidad de opiniones. Pero basta mirar la realidad con sinceridad para ver que hay un gran deterioro de nuestra casa común. La esperanza nos invita a reconocer que siempre

hay una salida, que siempre podemos reorientar el rumbo, que siempre podemos hacer algo para resolver los problemas. Sin embargo, parecen advertirse síntomas de un punto de quiebre, a causa de la gran velocidad de los cambios y de la degradación, que se manifiestan tanto en catástrofes naturales regionales como en crisis sociales o incluso financieras, dado que los problemas del mundo no pueden analizarse ni explicarse de forma aislada. Hay regiones que ya están especialmente en riesgo y, más allá de cualquier predicción catastrófica, lo cierto es que el actual sistema mundial es insostenible desde diversos puntos de vista, porque hemos dejado de pensar en los fines de la acción humana: «Si la mirada recorre las regiones de nuestro planeta, enseguida nos damos cuenta de que la humanidad ha defraudado las expectativas divinas».[35]

CAPÍTULO SEGUNDO

El evangelio de la creación

62. ¿Por qué incluir en este documento, dirigido a todas las personas de buena voluntad, un capítulo referido a convicciones creyentes? No ignoro que, en el campo de la política y del pensamiento, algunos rechazan con fuerza la idea de un Creador, o la consideran irrelevante, hasta el punto de relegar al ámbito de lo irracional la riqueza que las religiones pueden ofrecer para una ecología integral y para un desarrollo pleno de la humanidad. Otras veces se supone que constituyen una subcultura que simplemente debe ser tolerada. Sin embargo, la ciencia y la religión, que aportan diferentes aproximaciones a la realidad, pueden entrar en un diálogo intenso y productivo para ambas.

I. La luz que ofrece la fe

63. Si tenemos en cuenta la complejidad de la crisis ecológica y sus múltiples causas, deberíamos reconocer que las soluciones

no pueden llegar desde un único modo de interpretar y transformar la realidad. También es necesario acudir a las diversas riquezas culturales de los pueblos, al arte y a la poesía, a la vida interior y a la espiritualidad. Si de verdad queremos construir una ecología que nos permita sanar todo lo que hemos destruido, entonces ninguna rama de las ciencias y ninguna forma de sabiduría puede ser dejada de lado, tampoco la religiosa con su propio lenguaje. Además, la Iglesia Católica está abierta al diálogo con el pensamiento filosófico, y eso le permite producir diversas síntesis entre la fe y la razón. En lo que respecta a las cuestiones sociales, esto se puede constatar en el desarrollo de la doctrina social de la Iglesia, que está llamada a enriquecerse cada vez más a partir de los nuevos desafíos.

64. Por otra parte, si bien esta encíclica se abre a un diálogo con todos, para buscar juntos caminos de liberación, quiero mostrar desde el comienzo cómo las convicciones de la fe ofrecen a los cristianos, y en parte también a otros creyentes, grandes motivaciones para el cuidado de la naturaleza y de los hermanos y hermanas más frágiles. Si el solo hecho de ser humanos mueve a las personas a cuidar el ambiente del cual forman parte, «los cristianos, en particular, descubren que su cometido dentro de la creación, así como sus deberes con la naturaleza y el Creador, forman parte de su fe».[36] Por eso, es un bien para la humanidad y para el mundo que los creyentes reconozcamos mejor los compromisos ecológicos que brotan de nuestras convicciones.

II. La sabiduría de los relatos bíblicos

65. Sin repetir aquí la entera teología de la creación, nos preguntamos qué nos dicen los grandes relatos bíblicos acerca de la relación del ser humano con el mundo. En la primera narración de la obra creadora en el libro del Génesis, el plan de Dios incluye la creación de la humanidad. Luego de la creación del ser humano, se dice que «Dios vio todo lo que había hecho y era *muy bueno*» (*Gn* 1,31). La Biblia enseña que cada ser humano es creado por amor, hecho a imagen y semejanza de Dios (cf. *Gn* 1,26). Esta afirmación nos muestra la inmensa dignidad de cada persona humana, que «no es solamente algo, sino alguien. Es capaz de conocerse, de poseerse y de darse libremente y entrar en comunión con otras personas».[37] San Juan Pablo II recordó que el amor especialísimo que el Creador tiene por cada ser humano le confiere una dignidad infinita.[38] Quienes se empeñan en la defensa de la dignidad de las personas pueden encontrar en la fe cristiana los argumentos más profundos para ese compromiso. ¡Qué maravillosa certeza es que la vida de cada persona no se pierde en un desesperante caos, en un mundo regido por la pura casualidad o por ciclos que se repiten sin sentido! El Creador puede decir a cada uno de nosotros: «Antes que te formaras en el seno de tu madre, yo te conocía» (*Jr* 1,5). Fuimos concebidos en el corazón de Dios, y por eso «cada uno de nosotros es el fruto de un pensamiento de Dios. Cada uno de nosotros es querido, cada uno es amado, cada uno es necesario».[39]

66. Los relatos de la creación en el libro del Génesis contienen, en su lenguaje simbólico y narrativo, profundas enseñanzas

sobre la existencia humana y su realidad histórica. Estas narraciones sugieren que la existencia humana se basa en tres relaciones fundamentales estrechamente conectadas: la relación con Dios, con el prójimo y con la tierra. Según la Biblia, las tres relaciones vitales se han roto, no sólo externamente, sino también dentro de nosotros. Esta ruptura es el pecado. La armonía entre el Creador, la humanidad y todo lo creado fue destruida por haber pretendido ocupar el lugar de Dios, negándonos a reconocernos como criaturas limitadas. Este hecho desnaturalizó también el mandato de «dominar» la tierra (cf. *Gn* 1,28) y de «labrarla y cuidarla» (cf. *Gn* 2,15). Como resultado, la relación originariamente armoniosa entre el ser humano y la naturaleza se transformó en un conflicto (cf. *Gn* 3,17–19). Por eso es significativo que la armonía que vivía san Francisco de Asís con todas las criaturas haya sido interpretada como una sanación de aquella ruptura. Decía san Buenaventura que, por la reconciliación universal con todas las criaturas, de algún modo Francisco retornaba al estado de inocencia primitiva.[40] Lejos de ese modelo, hoy el pecado se manifiesta con toda su fuerza de destrucción en las guerras, las diversas formas de violencia y maltrato, el abandono de los más frágiles, los ataques a la naturaleza.

67. No somos Dios. La tierra nos precede y nos ha sido dada. Esto permite responder a una acusación lanzada al pensamiento judío-cristiano: se ha dicho que, desde el relato del Génesis que invita a «dominar» la tierra (cf. *Gn* 1,28), se favorecería la explotación salvaje de la naturaleza presentando una imagen del ser humano como dominante y destructivo. Esta no es una correcta interpretación de la Biblia como la entiende la Iglesia. Si es verdad que algunas veces los cristianos hemos interpretado

incorrectamente las Escrituras, hoy debemos rechazar con fuerza que, del hecho de ser creados a imagen de Dios y del mandato de dominar la tierra, se deduzca un dominio absoluto sobre las demás criaturas. Es importante leer los textos bíblicos en su contexto, con una hermenéutica adecuada, y recordar que nos invitan a «labrar y cuidar» el jardín del mundo (cf. *Gn* 2,15). Mientras «labrar» significa cultivar, arar o trabajar, «cuidar» significa proteger, custodiar, preservar, guardar, vigilar. Esto implica una relación de reciprocidad responsable entre el ser humano y la naturaleza. Cada comunidad puede tomar de la bondad de la tierra lo que necesita para su supervivencia, pero también tiene el deber de protegerla y de garantizar la continuidad de su fertilidad para las generaciones futuras. Porque, en definitiva, «la tierra es del Señor» (*Sal* 24,1), a él pertenece «la tierra y cuanto hay en ella» (*Dt* 10,14). Por eso, Dios niega toda pretensión de propiedad absoluta: «La tierra no puede venderse a perpetuidad, porque la tierra es mía, y vosotros sois forasteros y huéspedes en mi tierra» (*Lv* 25,23).

68. Esta responsabilidad ante una tierra que es de Dios implica que el ser humano, dotado de inteligencia, respete las leyes de la naturaleza y los delicados equilibrios entre los seres de este mundo, porque «él lo ordenó y fueron creados, él los fijó por siempre, por los siglos, y les dio una ley que nunca pasará» (*Sal* 148,5b–6). De ahí que la legislación bíblica se detenga a proponer al ser humano varias normas, no sólo en relación con los demás seres humanos, sino también en relación con los demás seres vivos: «Si ves caído en el camino el asno o el buey de tu hermano, no te desentenderás de ellos [...] Cuando encuentres en el camino un nido de ave en un árbol o sobre la tierra, y esté la madre echada

sobre los pichones o sobre los huevos, no tomarás a la madre con
los hijos» (*Dt* 22,4.6). En esta línea, el descanso del séptimo día
no se propone sólo para el ser humano, sino también «para que
reposen tu buey y tu asno» (*Ex* 23,12). De este modo advertimos
que la Biblia no da lugar a un antropocentrismo despótico que se
desentienda de las demás criaturas.

69. A la vez que podemos hacer un uso responsable de las cosas,
estamos llamados a reconocer que los demás seres vivos tienen
un valor propio ante Dios y, «por su simple existencia, lo ben-
dicen y le dan gloria»,[41] porque el Señor se regocija en sus obras
(cf. *Sal* 104,31). Precisamente por su dignidad única y por estar
dotado de inteligencia, el ser humano está llamado a respetar lo
creado con sus leyes internas, ya que «por la sabiduría el Señor
fundó la tierra» (*Pr* 3,19). Hoy la Iglesia no dice simplemente
que las demás criaturas están completamente subordinadas al
bien del ser humano, como si no tuvieran un valor en sí mismas y nosotros pudiéramos disponer de ellas a voluntad. Por eso
los Obispos de Alemania enseñaron que en las demás criaturas
«se podría hablar de la prioridad del *ser* sobre el *ser útiles*».[42]
El *Catecismo* cuestiona de manera muy directa e insistente lo
que sería un antropocentrismo desviado: «Toda criatura posee
su bondad y su perfección propias [...] Las distintas criaturas,
queridas en su ser propio, reflejan, cada una a su manera, un
rayo de la sabiduría y de la bondad infinitas de Dios. Por esto,
el hombre debe respetar la bondad propia de cada criatura para
evitar un uso desordenado de las cosas».[43]

70. En la narración sobre Caín y Abel, vemos que los celos con-
dujeron a Caín a cometer la injusticia extrema con su hermano.

Esto a su vez provocó una ruptura de la relación entre Caín y Dios y entre Caín y la tierra, de la cual fue exiliado. Este pasaje se resume en la dramática conversación de Dios con Caín. Dios pregunta: «¿Dónde está Abel, tu hermano?». Caín responde que no lo sabe y Dios le insiste: «¿Qué hiciste? ¡La voz de la sangre de tu hermano clama a mí desde el suelo! Ahora serás maldito y te alejarás de esta tierra» (*Gn* 4,9–11). El descuido en el empeño de cultivar y mantener una relación adecuada con el vecino, hacia el cual tengo el deber del cuidado y de la custodia, destruye mi relación interior conmigo mismo, con los demás, con Dios y con la tierra. Cuando todas estas relaciones son descuidadas, cuando la justicia ya no habita en la tierra, la Biblia nos dice que toda la vida está en peligro. Esto es lo que nos enseña la narración sobre Noé, cuando Dios amenaza con exterminar la humanidad por su constante incapacidad de vivir a la altura de las exigencias de la justicia y de la paz: «He decidido acabar con todos los seres humanos, porque la tierra, a causa de ellos, está llena de violencia» (*Gn* 6,13). En estos relatos tan antiguos, cargados de profundo simbolismo, ya estaba contenida una convicción actual: que todo está relacionado, y que el auténtico cuidado de nuestra propia vida y de nuestras relaciones con la naturaleza es inseparable de la fraternidad, la justicia y la fidelidad a los demás.

71. Aunque «la maldad se extendía sobre la faz de la tierra» (*Gn* 6,5) y a Dios «le pesó haber creado al hombre en la tierra» (*Gn* 6,6), sin embargo, a través de Noé, que todavía se conservaba íntegro y justo, decidió abrir un camino de salvación. Así dio a la humanidad la posibilidad de un nuevo comienzo. ¡Basta un hombre bueno para que haya esperanza! La tradición bíblica

establece claramente que esta rehabilitación implica el redes-
cubrimiento y el respeto de los ritmos inscritos en la naturaleza
por la mano del Creador. Esto se muestra, por ejemplo, en la
ley del *Shabbath*. El séptimo día, Dios descansó de todas sus
obras. Dios ordenó a Israel que cada séptimo día debía cele-
brarse como un día de descanso, un *Shabbath* (cf. *Gn* 2,2–3; *Ex*
16,23; 20,10). Por otra parte, también se instauró un año sabático
para Israel y su tierra, cada siete años (cf. *Lv* 25,1–4), durante el
cual se daba un completo descanso a la tierra, no se sembraba y
sólo se cosechaba lo indispensable para subsistir y brindar hos-
pitalidad (cf. *Lv* 25,4–6). Finalmente, pasadas siete semanas de
años, es decir, cuarenta y nueve años, se celebraba el Jubileo,
año de perdón universal y «de liberación para todos los habitantes» (*Lv* 25,10). El desarrollo de esta legislación trató de asegurar el equilibrio y la equidad en las relaciones del ser humano
con los demás y con la tierra donde vivía y trabajaba. Pero al
mismo tiempo era un reconocimiento de que el regalo de la
tierra con sus frutos pertenece a todo el pueblo. Aquellos que
cultivaban y custodiaban el territorio tenían que compartir sus
frutos, especialmente con los pobres, las viudas, los huérfanos y
los extranjeros: «Cuando coseches la tierra, no llegues hasta la
última orilla de tu campo, ni trates de aprovechar los restos de
tu mies. No rebusques en la viña ni recojas los frutos caídos del
huerto. Los dejarás para el pobre y el forastero» (*Lv* 19,9–10).

72. Los Salmos con frecuencia invitan al ser humano a alabar a
Dios creador: «Al que asentó la tierra sobre las aguas, porque
es eterno su amor» (*Sal* 136,6). Pero también invitan a las demás
criaturas a alabarlo: «¡Alabadlo, sol y luna, alabadlo, estrellas
lucientes, alabadlo, cielos de los cielos, aguas que estáis sobre

los cielos! Alaben ellos el nombre del Señor, porque él lo ordenó y fueron creados» (*Sal* 148,3–5). Existimos no sólo por el poder de Dios, sino frente a él y junto a él. Por eso lo adoramos.

73. Los escritos de los profetas invitan a recobrar la fortaleza en los momentos difíciles contemplando al Dios poderoso que creó el universo. El poder infinito de Dios no nos lleva a escapar de su ternura paterna, porque en él se conjugan el cariño y el vigor. De hecho, toda sana espiritualidad implica al mismo tiempo acoger el amor divino y adorar con confianza al Señor por su infinito poder. En la Biblia, el Dios que libera y salva es el mismo que creó el universo, y esos dos modos divinos de actuar están íntima e inseparablemente conectados: «¡Ay, mi Señor! Tú eres quien hiciste los cielos y la tierra con tu gran poder y tenso brazo. Nada es extraordinario para ti [...] Y sacaste a tu pueblo Israel de Egipto con señales y prodigios» (*Jr* 32,17.21). «El Señor es un Dios eterno, creador de la tierra hasta sus bordes, no se cansa ni fatiga. Es imposible escrutar su inteligencia. Al cansado da vigor, y al que no tiene fuerzas le acrecienta la energía» (*Is* 40,28b–29).

74. La experiencia de la cautividad en Babilonia engendró una crisis espiritual que provocó una profundización de la fe en Dios, explicitando su omnipotencia creadora, para exhortar al pueblo a recuperar la esperanza en medio de su situación desdichada. Siglos después, en otro momento de prueba y persecución, cuando el Imperio Romano buscaba imponer un dominio absoluto, los fieles volvían a encontrar consuelo y esperanza acrecentando su confianza en el Dios todopoderoso, y cantaban: «¡Grandes y maravillosas son tus obras, Señor Dios omnipotente, justos y

verdaderos tus caminos!» (*Ap* 15,3). Si pudo crear el universo de la nada, puede también intervenir en este mundo y vencer cualquier forma de mal. Entonces, la injusticia no es invencible.

75. No podemos sostener una espiritualidad que olvide al Dios todopoderoso y creador. De ese modo, terminaríamos adorando otros poderes del mundo, o nos colocaríamos en el lugar del Señor, hasta pretender pisotear la realidad creada por él sin conocer límites. La mejor manera de poner en su lugar al ser humano, y de acabar con su pretensión de ser un dominador absoluto de la tierra, es volver a proponer la figura de un Padre creador y único dueño del mundo, porque de otro modo el ser humano tenderá siempre a querer imponer a la realidad sus propias leyes e intereses.

III. El misterio del universo

76. Para la tradición judío-cristiana, decir «creación» es más que decir naturaleza, porque tiene que ver con un proyecto del amor de Dios donde cada criatura tiene un valor y un significado. La naturaleza suele entenderse como un sistema que se analiza, comprende y gestiona, pero la creación sólo puede ser entendida como un don que surge de la mano abierta del Padre de todos, como una realidad iluminada por el amor que nos convoca a una comunión universal.

77. «Por la palabra del Señor fueron hechos los cielos» (*Sal* 33,6). Así se nos indica que el mundo procedió de una decisión, no

del caos o la casualidad, lo cual lo enaltece todavía más. Hay una opción libre expresada en la palabra creadora. El universo no surgió como resultado de una omnipotencia arbitraria, de una demostración de fuerza o de un deseo de autoafirmación. La creación es del orden del amor. El amor de Dios es el móvil fundamental de todo lo creado: «Amas a todos los seres y no aborreces nada de lo que hiciste, porque, si algo odiaras, no lo habrías creado» (*Sb* 11,24). Entonces, cada criatura es objeto de la ternura del Padre, que le da un lugar en el mundo. Hasta la vida efímera del ser más insignificante es objeto de su amor y, en esos pocos segundos de existencia, él lo rodea con su cariño. Decía san Basilio Magno que el Creador es también «la bondad sin envidia»,[44] y Dante Alighieri hablaba del «amor que mueve el sol y las estrellas».[45] Por eso, de las obras creadas se asciende «hasta su misericordia amorosa».[46]

78. Al mismo tiempo, el pensamiento judío-cristiano desmitificó la naturaleza. Sin dejar de admirarla por su esplendor y su inmensidad, ya no le atribuyó un carácter divino. De esa manera se destaca todavía más nuestro compromiso ante ella. Un retorno a la naturaleza no puede ser a costa de la libertad y la responsabilidad del ser humano, que es parte del mundo con el deber de cultivar sus propias capacidades para protegerlo y desarrollar sus potencialidades. Si reconocemos el valor y la fragilidad de la naturaleza, y al mismo tiempo las capacidades que el Creador nos otorgó, esto nos permite terminar hoy con el mito moderno del progreso material sin límites. Un mundo frágil, con un ser humano a quien Dios le confía su cuidado, interpela nuestra inteligencia para reconocer cómo deberíamos orientar, cultivar y limitar nuestro poder.

79. En este universo, conformado por sistemas abiertos que entran en comunicación unos con otros, podemos descubrir innumerables formas de relación y participación. Esto lleva a pensar también al conjunto como abierto a la trascendencia de Dios, dentro de la cual se desarrolla. La fe nos permite interpretar el sentido y la belleza misteriosa de lo que acontece. La libertad humana puede hacer su aporte inteligente hacia una evolución positiva, pero también puede agregar nuevos males, nuevas causas de sufrimiento y verdaderos retrocesos. Esto da lugar a la apasionante y dramática historia humana, capaz de convertirse en un despliegue de liberación, crecimiento, salvación y amor, o en un camino de decadencia y de mutua destrucción. Por eso, la acción de la Iglesia no sólo intenta recordar el deber de cuidar la naturaleza, sino que al mismo tiempo «debe proteger sobre todo al hombre contra la destrucción de sí mismo».[47]

80. No obstante, Dios, que quiere actuar con nosotros y contar con nuestra cooperación, también es capaz de sacar algún bien de los males que nosotros realizamos, porque «el Espíritu Santo posee una inventiva infinita, propia de la mente divina, que provee a desatar los nudos de los sucesos humanos, incluso los más complejos e impenetrables».[48] Él, de algún modo, quiso limitarse a sí mismo al crear un mundo necesitado de desarrollo, donde muchas cosas que nosotros consideramos males, peligros o fuentes de sufrimiento, en realidad son parte de los dolores de parto que nos estimulan a colaborar con el Creador.[49] Él está presente en lo más íntimo de cada cosa sin condicionar la autonomía de su criatura, y esto también da lugar a la legítima autonomía de las realidades terrenas.[50] Esa presencia divina, que asegura la permanencia y el desarrollo de cada

ser, «es la continuación de la acción creadora».[51] El Espíritu de Dios llenó el universo con virtualidades que permiten que del seno mismo de las cosas pueda brotar siempre algo nuevo: «La naturaleza no es otra cosa sino la razón de cierto arte, concretamente el arte divino, inscrito en las cosas, por el cual las cosas mismas se mueven hacia un fin determinado. Como si el maestro constructor de barcos pudiera otorgar a la madera que pudiera moverse a sí misma para tomar la forma del barco».[52]

81. El ser humano, si bien supone también procesos evolutivos, implica una novedad no explicable plenamente por la evolución de otros sistemas abiertos. Cada uno de nosotros tiene en sí una identidad personal, capaz de entrar en diálogo con los demás y con el mismo Dios. La capacidad de reflexión, la argumentación, la creatividad, la interpretación, la elaboración artística y otras capacidades inéditas muestran una singularidad que trasciende el ámbito físico y biológico. La novedad cualitativa que implica el surgimiento de un ser personal dentro del universo material supone una acción directa de Dios, un llamado peculiar a la vida y a la relación de un Tú a otro tú. A partir de los relatos bíblicos, consideramos al ser humano como sujeto, que nunca puede ser reducido a la categoría de objeto.

82. Pero también sería equivocado pensar que los demás seres vivos deban ser considerados como meros objetos sometidos a la arbitraria dominación humana. Cuando se propone una visión de la naturaleza únicamente como objeto de provecho y de interés, esto también tiene serias consecuencias en la sociedad. La visión que consolida la arbitrariedad del más fuerte ha propiciado inmensas desigualdades, injusticias y violencia para

la mayoría de la humanidad, porque los recursos pasan a ser del primero que llega o del que tiene más poder: el ganador se lleva todo. El ideal de armonía, de justicia, de fraternidad y de paz que propone Jesús está en las antípodas de semejante modelo, y así lo expresaba con respecto a los poderes de su época: «Los poderosos de las naciones las dominan como señores absolutos, y los grandes las oprimen con su poder. Que no sea así entre vosotros, sino que el que quiera ser grande sea el servidor» (*Mt* 20,25–26).

83. El fin de la marcha del universo está en la plenitud de Dios, que ya ha sido alcanzada por Cristo resucitado, eje de la maduración universal.[53] Así agregamos un argumento más para rechazar todo dominio despótico e irresponsable del ser humano sobre las demás criaturas. El fin último de las demás criaturas no somos nosotros. Pero todas avanzan, junto con nosotros y a través de nosotros, hacia el término común, que es Dios, en una plenitud trascendente donde Cristo resucitado abraza e ilumina todo. Porque el ser humano, dotado de inteligencia y de amor, y atraído por la plenitud de Cristo, está llamado a reconducir todas las criaturas a su Creador.

IV. El mensaje de cada criatura en la armonía de todo lo creado

84. Cuando insistimos en decir que el ser humano es imagen de Dios, eso no debería llevarnos a olvidar que cada criatura tiene una función y ninguna es superflua. Todo el universo material

es un lenguaje del amor de Dios, de su desmesurado cariño hacia nosotros. El suelo, el agua, las montañas, todo es caricia de Dios. La historia de la propia amistad con Dios siempre se desarrolla en un espacio geográfico que se convierte en un signo personalísimo, y cada uno de nosotros guarda en la memoria lugares cuyo recuerdo le hace mucho bien. Quien ha crecido entre los montes, o quien de niño se sentaba junto al arroyo a beber, o quien jugaba en una plaza de su barrio, cuando vuelve a esos lugares, se siente llamado a recuperar su propia identidad.

85. Dios ha escrito un libro precioso, «cuyas letras son la multitud de criaturas presentes en el universo».[54] Bien expresaron los Obispos de Canadá que ninguna criatura queda fuera de esta manifestación de Dios: «Desde los panoramas más amplios a la forma de vida más ínfima, la naturaleza es un continuo manantial de maravilla y de temor. Ella es, además, una continua revelación de lo divino».[55] Los Obispos de Japón, por su parte, dijeron algo muy sugestivo: «Percibir a cada criatura cantando el himno de su existencia es vivir gozosamente en el amor de Dios y en la esperanza».[56] Esta contemplación de lo creado nos permite descubrir a través de cada cosa alguna enseñanza que Dios nos quiere transmitir, porque «para el creyente contemplar lo creado es también escuchar un mensaje, oír una voz paradójica y silenciosa».[57] Podemos decir que, «junto a la Revelación propiamente dicha, contenida en la sagrada Escritura, se da una manifestación divina cuando brilla el sol y cuando cae la noche».[58] Prestando atención a esa manifestación, el ser humano aprende a reconocerse a sí mismo en la relación con las demás criaturas: «Yo me autoexpreso al expresar el mundo; yo exploro mi propia sacralidad al intentar descifrar la del mundo».[59]

86. El conjunto del universo, con sus múltiples relaciones, muestra mejor la inagotable riqueza de Dios. Santo Tomás de Aquino remarcaba sabiamente que la multiplicidad y la variedad provienen «de la intención del primer agente», que quiso que «lo que falta a cada cosa para representar la bondad divina fuera suplido por las otras»,[60] porque su bondad «no puede ser representada convenientemente por una sola criatura».[61] Por eso, nosotros necesitamos captar la variedad de las cosas en sus múltiples relaciones.[62] Entonces, se entiende mejor la importancia y el sentido de cualquier criatura si se la contempla en el conjunto del proyecto de Dios. Así lo enseña el *Catecismo*: «La interdependencia de las criaturas es querida por Dios. El sol y la luna, el cedro y la florecilla, el águila y el gorrión, las innumerables diversidades y desigualdades significan que ninguna criatura se basta a sí misma, que no existen sino en dependencia unas de otras, para complementarse y servirse mutuamente».[63]

87. Cuando tomamos conciencia del reflejo de Dios que hay en todo lo que existe, el corazón experimenta el deseo de adorar al Señor por todas sus criaturas y junto con ellas, como se expresa en el precioso himno de san Francisco de Asís:

«Alabado seas, mi Señor,
con todas tus criaturas,
especialmente el hermano sol,
por quien nos das el día y nos iluminas.
Y es bello y radiante con gran esplendor,
de ti, Altísimo, lleva significación.
Alabado seas, mi Señor,

por la hermana luna y las estrellas,
en el cielo las formaste claras y preciosas, y bellas.
Alabado seas, mi Señor, por el hermano viento
y por el aire, y la nube y el cielo sereno,
y todo tiempo,
por todos ellos a tus criaturas das sustento.
Alabado seas, mi Señor, por la hermana agua,
la cual es muy humilde, y preciosa y casta.
Alabado seas, mi Señor, por el hermano fuego,
por el cual iluminas la noche,
y es bello, y alegre y vigoroso, y fuerte».[64]

88. Los Obispos de Brasil han remarcado que toda la naturaleza, además de manifestar a Dios, es lugar de su presencia. En cada criatura habita su Espíritu vivificante que nos llama a una relación con él.[65] El descubrimiento de esta presencia estimula en nosotros el desarrollo de las «virtudes ecológicas».[66] Pero cuando decimos esto, no olvidamos que también existe una distancia infinita, que las cosas de este mundo no poseen la plenitud de Dios. De otro modo, tampoco haríamos un bien a las criaturas, porque no reconoceríamos su propio y verdadero lugar, y terminaríamos exigiéndoles indebidamente lo que en su pequeñez no nos pueden dar.

V. Una comunión universal

89. Las criaturas de este mundo no pueden ser consideradas un bien sin dueño: «Son tuyas, Señor, que amas la vida» (*Sb* 11,26). Esto provoca la convicción de que, siendo creados por el mismo Padre, todos los seres del universo estamos unidos por lazos invisibles y conformamos una especie de familia universal, una sublime comunión que nos mueve a un respeto sagrado, cariñoso y humilde. Quiero recordar que «Dios nos ha unido tan estrechamente al mundo que nos rodea, que la desertificación del suelo es como una enfermedad para cada uno, y podemos lamentar la extinción de una especie como si fuera una mutilación».[67]

90. Esto no significa igualar a todos los seres vivos y quitarle al ser humano ese valor peculiar que implica al mismo tiempo una tremenda responsabilidad. Tampoco supone una divinización de la tierra que nos privaría del llamado a colaborar con ella y a proteger su fragilidad. Estas concepciones terminarían creando nuevos desequilibrios por escapar de la realidad que nos interpela.[68] A veces se advierte una obsesión por negar toda preeminencia a la persona humana, y se lleva adelante una lucha por otras especies que no desarrollamos para defender la igual dignidad entre los seres humanos. Es verdad que debe preocuparnos que otros seres vivos no sean tratados irresponsablemente. Pero especialmente deberían exasperarnos las enormes inequidades que existen entre nosotros, porque seguimos tolerando que unos se consideren más dignos que otros. Dejamos de advertir que algunos se arrastran en una degradante miseria, sin posibilidades reales de superación, mientras otros ni siquiera

saben qué hacer con lo que poseen, ostentan vanidosamente una supuesta superioridad y dejan tras de sí un nivel de desperdicio que sería imposible generalizar sin destrozar el planeta. Seguimos admitiendo en la práctica que unos se sientan más humanos que otros, como si hubieran nacido con mayores derechos.

91. No puede ser real un sentimiento de íntima unión con los demás seres de la naturaleza si al mismo tiempo en el corazón no hay ternura, compasión y preocupación por los seres humanos. Es evidente la incoherencia de quien lucha contra el tráfico de animales en riesgo de extinción, pero permanece completamente indiferente ante la trata de personas, se desentiende de los pobres o se empeña en destruir a otro ser humano que le desagrada. Esto pone en riesgo el sentido de la lucha por el ambiente. No es casual que, en el himno donde san Francisco alaba a Dios por las criaturas, añada lo siguiente: «Alabado seas, mi Señor, por aquellos que perdonan por tu amor». Todo está conectado. Por eso se requiere una preocupación por el ambiente unida al amor sincero hacia los seres humanos y a un constante compromiso ante los problemas de la sociedad.

92. Por otra parte, cuando el corazón está auténticamente abierto a una comunión universal, nada ni nadie está excluido de esa fraternidad. Por consiguiente, también es verdad que la indiferencia o la crueldad ante las demás criaturas de este mundo siempre terminan trasladándose de algún modo al trato que damos a otros seres humanos. El corazón es uno solo, y la misma miseria que lleva a maltratar a un animal no tarda en manifestarse en la relación con las demás personas. Todo ensañamiento con cualquier criatura «es contrario a la dignidad humana».[69]

No podemos considerarnos grandes amantes si excluimos de nuestros intereses alguna parte de la realidad: «Paz, justicia y conservación de la creación son tres temas absolutamente liga-dos, que no podrán apartarse para ser tratados individualmente so pena de caer nuevamente en el reduccionismo».[70] Todo está relacionado, y todos los seres humanos estamos juntos como hermanos y hermanas en una maravillosa peregrinación, en-trelazados por el amor que Dios tiene a cada una de sus criatu-ras y que nos une también, con tierno cariño, al hermano sol, a la hermana luna, al hermano río y a la madre tierra.

VI. Destino común de los bienes

93. Hoy creyentes y no creyentes estamos de acuerdo en que la tierra es esencialmente una herencia común, cuyos frutos deben beneficiar a todos. Para los creyentes, esto se convierte en una cuestión de fidelidad al Creador, porque Dios creó el mundo para todos. Por consiguiente, todo planteo ecológico debe in-corporar una perspectiva social que tenga en cuenta los derechos fundamentales de los más postergados. El principio de la sub-ordinación de la propiedad privada al destino universal de los bienes y, por tanto, el derecho universal a su uso es una «regla de oro» del comportamiento social y el «primer principio de todo el ordenamiento ético-social».[71] La tradición cristiana nunca reconoció como absoluto o intocable el derecho a la propiedad privada y subrayó la función social de cualquier forma de propie-dad privada. San Juan Pablo II recordó con mucho énfasis esta doctrina, diciendo que «Dios ha dado la tierra a todo el género

humano para que ella sustente a todos sus habitantes, *sin excluir a nadie ni privilegiar a ninguno*».[72] Son palabras densas y fuertes. Remarcó que «no sería verdaderamente digno del hombre un tipo de desarrollo que no respetara y promoviera los derechos humanos, personales y sociales, económicos y políticos, incluidos los derechos de las naciones y de los pueblos».[73] Con toda claridad explicó que «la Iglesia defiende, sí, el legítimo derecho a la propiedad privada, pero enseña con no menor claridad que sobre toda propiedad privada grava siempre una hipoteca social, para que los bienes sirvan a la destinación general que Dios les ha dado».[74] Por lo tanto afirmó que «no es conforme con el designio de Dios usar este don de modo tal que sus beneficios favorezcan sólo a unos pocos».[75] Esto cuestiona seriamente los hábitos injustos de una parte de la humanidad.[76]

94. El rico y el pobre tienen igual dignidad, porque «a los dos los hizo el Señor» (*Pr* 22,2); «Él mismo hizo a pequeños y a grandes» (*Sb* 6,7) y «hace salir su sol sobre malos y buenos» (*Mt* 5,45). Esto tiene consecuencias prácticas, como las que enunciaron los Obispos de Paraguay: «Todo campesino tiene derecho natural a poseer un lote racional de tierra donde pueda establecer su hogar, trabajar para la subsistencia de su familia y tener seguridad existencial. Este derecho debe estar garantizado para que su ejercicio no sea ilusorio sino real. Lo cual significa que, además del título de propiedad, el campesino debe contar con medios de educación técnica, créditos, seguros y comercialización».[77]

95. El medio ambiente es un bien colectivo, patrimonio de toda la humanidad y responsabilidad de todos. Quien se apropia algo

es sólo para administrarlo en bien de todos. Si no lo hacemos, cargamos sobre la conciencia el peso de negar la existencia de los otros. Por eso, los Obispos de Nueva Zelanda se preguntaron qué significa el mandamiento «no matarás» cuando «un veinte por ciento de la población mundial consume recursos en tal medida que roba a las naciones pobres y a las futuras generaciones lo que necesitan para sobrevivir».[78]

VII. La mirada de Jesús

96. Jesús asume la fe bíblica en el Dios creador y destaca un dato fundamental: Dios es Padre (cf. *Mt* 11,25). En los diálogos con sus discípulos, Jesús los invitaba a reconocer la relación paterna que Dios tiene con todas las criaturas, y les recordaba con una conmovedora ternura cómo cada una de ellas es importante a sus ojos: «¿No se venden cinco pajarillos por dos monedas? Pues bien, ninguno de ellos está olvidado ante Dios» (*Lc* 12,6). «Mirad las aves del cielo, que no siembran ni cosechan, y no tienen graneros. Pero el Padre celestial las alimenta» (*Mt* 6,26).

97. El Señor podía invitar a otros a estar atentos a la belleza que hay en el mundo porque él mismo estaba en contacto permanente con la naturaleza y le prestaba una atención llena de cariño y asombro. Cuando recorría cada rincón de su tierra se detenía a contemplar la hermosura sembrada por su Padre, e invitaba a sus discípulos a reconocer en las cosas un mensaje divino: «Levantad los ojos y mirad los campos, que ya están listos para la cosecha» (*Jn* 4,35). «El reino de los cielos es como una

semilla de mostaza que un hombre siembra en su campo. Es más pequeña que cualquier semilla, pero cuando crece es mayor que las hortalizas y se hace un árbol» (*Mt* 13,31–32).

98. Jesús vivía en armonía plena con la creación, y los demás se asombraban: «¿Quién es este, que hasta el viento y el mar le obedecen?» (*Mt* 8,27). No aparecía como un asceta separado del mundo o enemigo de las cosas agradables de la vida. Refiriéndose a sí mismo expresaba: «Vino el Hijo del hombre, que come y bebe, y dicen que es un comilón y borracho» (*Mt* 11,19). Estaba lejos de las filosofías que despreciaban el cuerpo, la materia y las cosas de este mundo. Sin embargo, esos dualismos malsanos llegaron a tener una importante influencia en algunos pensadores cristianos a lo largo de la historia y desfiguraron el Evangelio. Jesús trabajaba con sus manos, tomando contacto cotidiano con la materia creada por Dios para darle forma con su habilidad de artesano. Llama la atención que la mayor parte de su vida fue consagrada a esa tarea, en una existencia sencilla que no despertaba admiración alguna: «¿No es este el carpintero, el hijo de María?» (*Mc* 6,3). Así santificó el trabajo y le otorgó un peculiar valor para nuestra maduración. San Juan Pablo II enseñaba que, «soportando la fatiga del trabajo en unión con Cristo crucificado por nosotros, el hombre colabora en cierto modo con el Hijo de Dios en la redención de la humanidad».[79]

99. Para la comprensión cristiana de la realidad, el destino de toda la creación pasa por el misterio de Cristo, que está presente desde el origen de todas las cosas: «Todo fue creado por él y para él» (*Col* 1,16).[80] El prólogo del Evangelio de Juan (1,1-18) muestra la actividad creadora de Cristo como Palabra divina (*Logos*).

Pero este prólogo sorprende por su afirmación de que esta Palabra «se hizo carne» (*Jn* 1,14). Una Persona de la Trinidad se insertó en el cosmos creado, corriendo su suerte con él hasta la cruz. Desde el inicio del mundo, pero de modo peculiar a partir de la encarnación, el misterio de Cristo opera de manera oculta en el conjunto de la realidad natural, sin por ello afectar su autonomía.

100. El Nuevo Testamento no sólo nos habla del Jesús terreno y de su relación tan concreta y amable con todo el mundo. También lo muestra como resucitado y glorioso, presente en toda la creación con su señorío universal: «Dios quiso que en él residiera toda la Plenitud. Por él quiso reconciliar consigo todo lo que existe en la tierra y en el cielo, restableciendo la paz por la sangre de su cruz» (*Col* 1,19–20). Esto nos proyecta al final de los tiempos, cuando el Hijo entregue al Padre todas las cosas y «Dios sea todo en todos» (*1 Co* 15,28). De ese modo, las criaturas de este mundo ya no se nos presentan como una realidad meramente natural, porque el Resucitado las envuelve misteriosamente y las orienta a un destino de plenitud. Las mismas flores del campo y las aves que él contempló admirado con sus ojos humanos, ahora están llenas de su presencia luminosa.

CAPÍTULO TERCERO

Raíz humana de la crisis ecológica

101. No nos servirá describir los síntomas, si no reconocemos la raíz humana de la crisis ecológica. Hay un modo de entender la vida y la acción humana que se ha desviado y que contradice la realidad hasta dañarla. ¿Por qué no podemos detenernos a pensarlo? En esta reflexión propongo que nos concentremos en el paradigma tecnocrático dominante y en el lugar del ser humano y de su acción en el mundo.

I. La tecnología: creatividad y poder

102. La humanidad ha ingresado en una nueva era en la que el poderío tecnológico nos pone en una encrucijada. Somos los herederos de dos siglos de enormes olas de cambio: el motor a

vapor, el ferrocarril, el telégrafo, la electricidad, el automóvil, el avión, las industrias químicas, la medicina moderna, la informática y, más recientemente, la revolución digital, la robótica, las biotecnologías y las nanotecnologías. Es justo alegrarse ante estos avances, y entusiasmarse frente a las amplias posibilidades que nos abren estas constantes novedades, porque «la ciencia y la tecnología son un maravilloso producto de la creatividad humana donada por Dios».[81] La modificación de la naturaleza con fines útiles es una característica de la humanidad desde sus inicios, y así la técnica «expresa la tensión del ánimo humano hacia la superación gradual de ciertos condicionamientos materiales».[82] La tecnología ha remediado innumerables males que dañaban y limitaban al ser humano. No podemos dejar de valorar y de agradecer el progreso técnico, especialmente en la medicina, la ingeniería y las comunicaciones. ¿Y cómo no reconocer todos los esfuerzos de muchos científicos y técnicos, que han aportado alternativas para un desarrollo sostenible?

103. La tecnociencia bien orientada no sólo puede producir cosas realmente valiosas para mejorar la calidad de vida del ser humano, desde objetos domésticos útiles hasta grandes medios de transporte, puentes, edificios, lugares públicos. También es capaz de producir lo bello y de hacer «saltar» al ser humano inmerso en el mundo material al ámbito de la belleza. ¿Se puede negar la belleza de un avión, o de algunos rascacielos? Hay preciosas obras pictóricas y musicales logradas con la utilización de nuevos instrumentos técnicos. Así, en la intención de belleza del productor técnico y en el contemplador de tal belleza, se da el salto a una cierta plenitud propiamente humana.

104. Pero no podemos ignorar que la energía nuclear, la biotecnología, la informática, el conocimiento de nuestro propio ADN y otras capacidades que hemos adquirido nos dan un tremendo poder. Mejor dicho, dan a quienes tienen el conocimiento, y sobre todo el poder económico para utilizarlo, un dominio impresionante sobre el conjunto de la humanidad y del mundo entero. Nunca la humanidad tuvo tanto poder sobre sí misma y nada garantiza que vaya a utilizarlo bien, sobre todo si se considera el modo como lo está haciendo. Basta recordar las bombas atómicas lanzadas en pleno siglo XX, como el gran despliegue tecnológico ostentado por el nazismo, por el comunismo y por otros regímenes totalitarios al servicio de la matanza de millones de personas, sin olvidar que hoy la guerra posee un instrumental cada vez más mortífero. ¿En manos de quiénes está y puede llegar a estar tanto poder? Es tremendamente riesgoso que resida en una pequeña parte de la humanidad.

105. Se tiende a creer «que todo incremento del poder constituye sin más un progreso, un aumento de seguridad, de utilidad, de bienestar, de energía vital, de plenitud de los valores»,[83] como si la realidad, el bien y la verdad brotaran espontáneamente del mismo poder tecnológico y económico. El hecho es que «el hombre moderno no está preparado para utilizar el poder con acierto»,[84] porque el inmenso crecimiento tecnológico no estuvo acompañado de un desarrollo del ser humano en responsabilidad, valores, conciencia. Cada época tiende a desarrollar una escasa autoconciencia de sus propios límites. Por eso es posible que hoy la humanidad no advierta la seriedad de los desafíos que se presentan, y «la posibilidad de que el hombre utilice mal el poder

crece constantemente» cuando no está «sometido a norma alguna reguladora de la libertad, sino únicamente a los supuestos imperativos de la utilidad y de la seguridad».[85] El ser humano no es plenamente autónomo. Su libertad se enferma cuando se entrega a las fuerzas ciegas del inconsciente, de las necesidades inmediatas, del egoísmo, de la violencia. En ese sentido, está desnudo y expuesto frente a su propio poder, que sigue creciendo, sin tener los elementos para controlarlo. Puede disponer de mecanismos superficiales, pero podemos sostener que le falta una ética sólida, una cultura y una espiritualidad que realmente lo limiten y lo contengan en una lúcida abnegación.

II. Globalización del paradigma tecnocrático

106. El problema fundamental es otro más profundo todavía: el modo como la humanidad de hecho ha asumido la tecnología y su desarrollo *junto con un paradigma homogéneo y unidimensional.* En él se destaca un concepto del sujeto que progresivamente, en el proceso lógico-racional, abarca y así posee el objeto que se halla afuera. Ese sujeto se despliega en el establecimiento del método científico con su experimentación, que ya es explícitamente técnica de posesión, dominio y transformación. Es como si el sujeto se hallara frente a lo informe totalmente disponible para su manipulación. La intervención humana en la naturaleza siempre ha acontecido, pero durante mucho tiempo tuvo la característica de acompañar, de plegarse a las posibilidades que ofrecen las cosas mismas. Se trataba de recibir lo que la realidad

natural de suyo permite, como tendiendo la mano. En cambio ahora lo que interesa es extraer todo lo posible de las cosas por la imposición de la mano humana, que tiende a ignorar u olvidar la realidad misma de lo que tiene delante. Por eso, el ser humano y las cosas han dejado de tenderse amigablemente la mano para pasar a estar enfrentados. De aquí se pasa fácilmente a la idea de un crecimiento infinito o ilimitado, que ha entusiasmado tanto a economistas, financistas y tecnólogos. Supone la mentira de la disponibilidad infinita de los bienes del planeta, que lleva a «estrujarlo» hasta el límite y más allá del límite. Es el presupuesto falso de que «existe una cantidad ilimitada de energía y de recursos utilizables, que su regeneración inmediata es posible y que los efectos negativos de las manipulaciones de la naturaleza pueden ser fácilmente absorbidos».[86]

107. Podemos decir entonces que, en el origen de muchas dificultades del mundo actual, está ante todo la tendencia, no siempre consciente, a constituir la metodología y los objetivos de la tecnociencia en un paradigma de comprensión que condiciona la vida de las personas y el funcionamiento de la sociedad. Los efectos de la aplicación de este molde a toda la realidad, humana y social, se constatan en la degradación del ambiente, pero este es solamente un signo del reduccionismo que afecta a la vida humana y a la sociedad en todas sus dimensiones. Hay que reconocer que los objetos producto de la técnica no son neutros, porque crean un entramado que termina condicionando los estilos de vida y orientan las posibilidades sociales en la línea de los intereses de determinados grupos de poder. Ciertas elecciones, que parecen puramente instrumentales, en realidad son elecciones acerca de la vida social que se quiere desarrollar.

108. No puede pensarse que sea posible sostener otro paradigma cultural y servirse de la técnica como de un mero instrumento, porque hoy el paradigma tecnocrático se ha vuelto tan dominante que es muy difícil prescindir de sus recursos, y más difícil todavía es utilizarlos sin ser dominados por su lógica. Se volvió contracultural elegir un estilo de vida con objetivos que puedan ser al menos en parte independientes de la técnica, de sus costos y de su poder globalizador y masificador. De hecho, la técnica tiene una inclinación a buscar que nada quede fuera de su férrea lógica, y «el hombre que posee la técnica sabe que, en el fondo, esta no se dirige ni a la utilidad ni al bienestar, sino al dominio; el dominio, en el sentido más extremo de la palabra».[87] Por eso «intenta controlar tanto los elementos de la naturaleza como los de la existencia humana».[88] La capacidad de decisión, la libertad más genuina y el espacio para la creatividad alternativa de los individuos se ven reducidos.

109. El paradigma tecnocrático también tiende a ejercer su dominio sobre la economía y la política. La economía asume todo desarrollo tecnológico en función del rédito, sin prestar atención a eventuales consecuencias negativas para el ser humano. Las finanzas ahogan a la economía real. No se aprendieron las lecciones de la crisis financiera mundial y con mucha lentitud se aprenden las lecciones del deterioro ambiental. En algunos círculos se sostiene que la economía actual y la tecnología resolverán todos los problemas ambientales, del mismo modo que se afirma, con lenguajes no académicos, que los problemas del hambre y la miseria en el mundo simplemente se resolverán con el crecimiento del mercado. No es una cuestión de teorías económicas, que quizás nadie se atreve hoy a defender, sino de

su instalación en el desarrollo fáctico de la economía. Quienes no lo afirman con palabras lo sostienen con los hechos, cuando no parece preocuparles una justa dimensión de la producción, una mejor distribución de la riqueza, un cuidado responsable del ambiente o los derechos de las generaciones futuras. Con sus comportamientos expresan que el objetivo de maximizar los beneficios es suficiente. Pero el mercado por sí mismo no garantiza el desarrollo humano integral y la inclusión social.[89] Mientras tanto, tenemos un «superdesarrollo derrochador y consumista, que contrasta de modo inaceptable con situaciones persistentes de miseria deshumanizadora»,[90] y no se elaboran con suficiente celeridad instituciones económicas y cauces sociales que permitan a los más pobres acceder de manera regular a los recursos básicos. No se termina de advertir cuáles son las raíces más profundas de los actuales desajustes, que tienen que ver con la orientación, los fines, el sentido y el contexto social del crecimiento tecnológico y económico.

110. La especialización propia de la tecnología implica una gran dificultad para mirar el conjunto. La fragmentación de los saberes cumple su función a la hora de lograr aplicaciones concretas, pero suele llevar a perder el sentido de la totalidad, de las relaciones que existen entre las cosas, del horizonte amplio, que se vuelve irrelevante. Esto mismo impide encontrar caminos adecuados para resolver los problemas más complejos del mundo actual, sobre todo del ambiente y de los pobres, que no se pueden abordar desde una sola mirada o desde un solo tipo de intereses. Una ciencia que pretenda ofrecer soluciones a los grandes asuntos, necesariamente debería sumar todo lo que ha generado el conocimiento en las demás áreas del saber,

incluyendo la filosofía y la ética social. Pero este es un hábito
difícil de desarrollar hoy. Por eso tampoco pueden reconocerse verdaderos horizontes éticos de referencia. La vida pasa
a ser un abandonarse a las circunstancias condicionadas por la
técnica, entendida como el principal recurso para interpretar la
existencia. En la realidad concreta que nos interpela, aparecen
diversos síntomas que muestran el error, como la degradación
del ambiente, la angustia, la pérdida del sentido de la vida y de
la convivencia. Así se muestra una vez más que «la realidad es
superior a la idea».[91]

111. La cultura ecológica no se puede reducir a una serie de respuestas urgentes y parciales a los problemas que van apareci-
endo en torno a la degradación del ambiente, al agotamiento
de las reservas naturales y a la contaminación. Debería ser una
mirada distinta, un pensamiento, una política, un programa
educativo, un estilo de vida y una espiritualidad que confor-
men una resistencia ante el avance del paradigma tecnocrático.
De otro modo, aun las mejores iniciativas ecologistas pueden
terminar encerradas en la misma lógica globalizada. Buscar
sólo un remedio técnico a cada problema ambiental que surja
es aislar cosas que en la realidad están entrelazadas y esconder
los verdaderos y más profundos problemas del sistema mundial.

112. Sin embargo, es posible volver a ampliar la mirada, y la libertad humana es capaz de limitar la técnica, orientarla y colocarla
al servicio de otro tipo de progreso más sano, más humano, más
social, más integral. La liberación del paradigma tecnocrático
reinante se produce de hecho en algunas ocasiones. Por ejemplo, cuando comunidades de pequeños productores optan por

sistemas de producción menos contaminantes, sosteniendo un modelo de vida, de gozo y de convivencia no consumista. O cuando la técnica se orienta prioritariamente a resolver los problemas concretos de los demás, con la pasión de ayudar a otros a vivir con más dignidad y menos sufrimiento. También cuando la intención creadora de lo bello y su contemplación logran superar el poder objetivante en una suerte de salvación que acontece en lo bello y en la persona que lo contempla. La auténtica humanidad, que invita a una nueva síntesis, parece habitar en medio de la civilización tecnológica, casi imperceptiblemente, como la niebla que se filtra bajo la puerta cerrada. ¿Será una promesa permanente, a pesar de todo, brotando como una empecinada resistencia de lo auténtico?

113. Por otra parte, la gente ya no parece creer en un futuro feliz, no confía ciegamente en un mañana mejor a partir de las condiciones actuales del mundo y de las capacidades técnicas. Toma conciencia de que el avance de la ciencia y de la técnica no equivale al avance de la humanidad y de la historia, y vislumbra que son otros los caminos fundamentales para un futuro feliz. No obstante, tampoco se imagina renunciando a las posibilidades que ofrece la tecnología. La humanidad se ha modificado profundamente, y la sumatoria de constantes novedades consagra una fugacidad que nos arrastra por la superficie, en una única dirección. Se hace difícil detenernos para recuperar la profundidad de la vida. Si la arquitectura refleja el espíritu de una época, las megaestructuras y las casas en serie expresan el espíritu de la técnica globalizada, donde la permanente novedad de los productos se une a un pesado aburrimiento. No nos resignemos a ello y no renunciemos a preguntarnos por los fines

y por el sentido de todo. De otro modo, sólo legitimaremos la
situación vigente y necesitaremos más sucedáneos para soportar
el vacío.

114. Lo que está ocurriendo nos pone ante la urgencia de avanzar
en una valiente revolución cultural. La ciencia y la tecnología
no son neutrales, sino que pueden implicar desde el comienzo
hasta el final de un proceso diversas intenciones o posibilidades,
y pueden configurarse de distintas maneras. Nadie pretende
volver a la época de las cavernas, pero sí es indispensable amino-
rar la marcha para mirar la realidad de otra manera, recoger los
avances positivos y sostenibles, y a la vez recuperar los valores
y los grandes fines arrasados por un desenfreno megalómano.

III. Crisis y consecuencias del antropocentrismo moderno

115. El antropocentrismo moderno, paradójicamente, ha ter-
minado colocando la razón técnica sobre la realidad, porque
este ser humano «ni siente la naturaleza como norma válida,
ni menos aún como refugio viviente. La ve sin hacer hipótesis,
prácticamente, como lugar y objeto de una tarea en la que se
encierra todo, siéndole indiferente lo que con ello suceda».[92] De
ese modo, se debilita el valor que tiene el mundo en sí mismo.
Pero si el ser humano no redescubre su verdadero lugar, se entiende mal a sí mismo y termina contradiciendo su propia realidad: «No sólo la tierra ha sido dada por Dios al hombre, el
cual debe usarla respetando la intención originaria de que es un

bien, según la cual le ha sido dada; incluso el hombre es para sí mismo un don de Dios y, por tanto, debe respetar la estructura natural y moral de la que ha sido dotado».[93]

116. En la modernidad hubo una gran desmesura antropocéntrica que, con otro ropaje, hoy sigue dañando toda referencia común y todo intento por fortalecer los lazos sociales. Por eso ha llegado el momento de volver a prestar atención a la realidad con los límites que ella impone, que a su vez son la posibilidad de un desarrollo humano y social más sano y fecundo. Una presentación inadecuada de la antropología cristiana pudo llegar a respaldar una concepción equivocada sobre la relación del ser humano con el mundo. Se transmitió muchas veces un sueño prometeico de dominio sobre el mundo que provocó la impresión de que el cuidado de la naturaleza es cosa de débiles. En cambio, la forma correcta de interpretar el concepto del ser humano como «señor» del universo consiste en entenderlo como administrador responsable.[94]

117. La falta de preocupación por medir el daño a la naturaleza y el impacto ambiental de las decisiones es sólo el reflejo muy visible de un desinterés por reconocer el mensaje que la naturaleza lleva inscrito en sus mismas estructuras. Cuando no se reconoce en la realidad misma el valor de un pobre, de un embrión humano, de una persona con discapacidad —por poner sólo algunos ejemplos—, difícilmente se escucharán los gritos de la misma naturaleza. Todo está conectado. Si el ser humano se declara autónomo de la realidad y se constituye en dominador absoluto, la misma base de su existencia se desmorona, porque, «en vez de desempeñar su papel de colaborador de Dios

en la obra de la creación, el hombre suplanta a Dios y con ello
provoca la rebelión de la naturaleza».[95]

118. Esta situación nos lleva a una constante esquizofrenia, que
va de la exaltación tecnocrática que no reconoce a los demás seres
un valor propio, hasta la reacción de negar todo valor peculiar al
ser humano. Pero no se puede prescindir de la humanidad. No
habrá una nueva relación con la naturaleza sin un nuevo ser humano. No hay ecología sin una adecuada antropología. Cuando
la persona humana es considerada sólo un ser más entre otros,
que procede de los juegos del azar o de un determinismo físico,
«se corre el riesgo de que disminuya en las personas la conciencia de la responsabilidad».[96] Un antropocentrismo desviado no
necesariamente debe dar paso a un «biocentrismo», porque eso
implicaría incorporar un nuevo desajuste que no sólo no resolverá
los problemas sino que añadirá otros. No puede exigirse al ser
humano un compromiso con respecto al mundo si no se recon-
ocen y valoran al mismo tiempo sus capacidades peculiares de
conocimiento, voluntad, libertad y responsabilidad.

119. La crítica al antropocentrismo desviado tampoco debería
colocar en un segundo plano el valor de las relaciones entre
las personas. Si la crisis ecológica es una eclosión o una manifestación externa de la crisis ética, cultural y espiritual de la
modernidad, no podemos pretender sanar nuestra relación con
la naturaleza y el ambiente sin sanar todas las relaciones bási-
cas del ser humano. Cuando el pensamiento cristiano reclama
un valor peculiar para el ser humano por encima de las demás
criaturas, da lugar a la valoración de cada persona humana, y
así provoca el reconocimiento del otro. La apertura a un «tú»

capaz de conocer, amar y dialogar sigue siendo la gran nobleza de la persona humana. Por eso, para una adecuada relación con el mundo creado no hace falta debilitar la dimensión social del ser humano y tampoco su dimensión trascendente, su apertura al «Tú» divino. Porque no se puede proponer una relación con el ambiente aislada de la relación con las demás personas y con Dios. Sería un individualismo romántico disfrazado de belleza ecológica y un asfixiante encierro en la inmanencia.

120. Dado que todo está relacionado, tampoco es compatible la defensa de la naturaleza con la justificación del aborto. No parece factible un camino educativo para acoger a los seres débiles que nos rodean, que a veces son molestos o inoportunos, si no se protege a un embrión humano aunque su llegada sea causa de molestias y dificultades: «Si se pierde la sensibilidad personal y social para acoger una nueva vida, también se marchitan otras formas de acogida provechosas para la vida social».[97]

121. Está pendiente el desarrollo de una nueva síntesis que supere falsas dialécticas de los últimos siglos. El mismo cristianismo, manteniéndose fiel a su identidad y al tesoro de verdad que recibió de Jesucristo, siempre se repiensa y se reexpresa en el diálogo con las nuevas situaciones históricas, dejando brotar así su eterna novedad.[98]

EL RELATIVISMO PRÁCTICO

122. Un antropocentrismo desviado da lugar a un estilo de vida desviado. En la Exhortación apostólica *Evangelii gaudium* me

referí al relativismo práctico que caracteriza nuestra época, y que es «todavía más peligroso que el doctrinal».[99] Cuando el ser humano se coloca a sí mismo en el centro, termina dando prioridad absoluta a sus conveniencias circunstanciales, y todo lo demás se vuelve relativo. Por eso no debería llamar la atención que, junto con la omnipresencia del paradigma tecnocrático y la adoración del poder humano sin límites, se desarrolle en los sujetos este relativismo donde todo se vuelve irrelevante si no sirve a los propios intereses inmediatos. Hay en esto una lógica que permite comprender cómo se alimentan mutuamente diversas actitudes que provocan al mismo tiempo la degradación ambiental y la degradación social.

123. La cultura del relativismo es la misma patología que empuja a una persona a aprovecharse de otra y a tratarla como mero objeto, obligándola a trabajos forzados, o convirtiéndola en esclava a causa de una deuda. Es la misma lógica que lleva a la explotación sexual de los niños, o al abandono de los ancianos que no sirven para los propios intereses. Es también la lógica interna de quien dice: «Dejemos que las fuerzas invisibles del mercado regulen la economía, porque sus impactos sobre la sociedad y sobre la naturaleza son daños inevitables». Si no hay verdades objetivas ni principios sólidos, fuera de la satisfacción de los propios proyectos y de las necesidades inmediatas, ¿qué límites pueden tener la trata de seres humanos, la criminalidad organizada, el narcotráfico, el comercio de diamantes ensangrentados y de pieles de animales en vías de extinción? ¿No es la misma lógica relativista la que justifica la compra de órganos a los pobres con el fin de venderlos o de utilizarlos para experimentación, o el descarte de niños porque no responden al deseo

de sus padres? Es la misma lógica del «usa y tira», que genera tantos residuos sólo por el deseo desordenado de consumir más de lo que realmente se necesita. Entonces no podemos pensar que los proyectos políticos o la fuerza de la ley serán suficientes para evitar los comportamientos que afectan al ambiente, porque, cuando es la cultura la que se corrompe y ya no se reconoce alguna verdad objetiva o unos principios universalmente válidos, las leyes sólo se entenderán como imposiciones arbitrarias y como obstáculos a evitar.

NECESIDAD DE PRESERVAR EL TRABAJO

124. En cualquier planteo sobre una ecología integral, que no excluya al ser humano, es indispensable incorporar el valor del trabajo, tan sabiamente desarrollado por san Juan Pablo II en su encíclica *Laborem exercens*. Recordemos que, según el relato bíblico de la creación, Dios colocó al ser humano en el jardín recién creado (cf. *Gn* 2,15) no sólo para preservar lo existente (cuidar), sino para trabajar sobre ello de manera que produzca frutos (labrar). Así, los obreros y artesanos «aseguran la creación eterna» (*Si* 38,34). En realidad, la intervención humana que procura el prudente desarrollo de lo creado es la forma más adecuada de cuidarlo, porque implica situarse como instrumento de Dios para ayudar a brotar las potencialidades que él mismo colocó en las cosas: «Dios puso en la tierra medicinas y el hombre prudente no las desprecia» (*Si* 38,4).

125. Si intentamos pensar cuáles son las relaciones adecuadas del ser humano con el mundo que lo rodea, emerge la necesidad de

una correcta concepción del trabajo porque, si hablamos sobre la relación del ser humano con las cosas, aparece la pregunta por el sentido y la finalidad de la acción humana sobre la realidad. No hablamos sólo del trabajo manual o del trabajo con la tierra, sino de cualquier actividad que implique alguna transformación de lo existente, desde la elaboración de un informe social hasta el diseño de un desarrollo tecnológico. Cualquier forma de trabajo tiene detrás una idea sobre la relación que el ser humano puede o debe establecer con lo otro de sí. La espiritualidad cristiana, junto con la admiración contemplativa de las criaturas que encontramos en san Francisco de Asís, ha desarrollado también una rica y sana comprensión sobre el trabajo, como podemos encontrar, por ejemplo, en la vida del beato Carlos de Foucauld y sus discípulos.

126. Recojamos también algo de la larga tradición del monacato. Al comienzo favorecía en cierto modo la fuga del mundo, intentando escapar de la decadencia urbana. Por eso, los monjes buscaban el desierto, convencidos de que era el lugar adecuado para reconocer la presencia de Dios. Posteriormente, san Benito de Nursia propuso que sus monjes vivieran en comunidad combinando la oración y la lectura con el trabajo manual (*ora et labora*). Esta introducción del trabajo manual impregnado de sentido espiritual fue revolucionaria. Se aprendió a buscar la maduración y la santificación en la compenetración entre el recogimiento y el trabajo. Esa manera de vivir el trabajo nos vuelve más cuidadosos y respetuosos del ambiente, impregna de sana sobriedad nuestra relación con el mundo.

127. Decimos que «el hombre es el autor, el centro y el fin de toda la vida económico-social».[100] No obstante, cuando en el ser

humano se daña la capacidad de contemplar y de respetar, se crean las condiciones para que el sentido del trabajo se desfigure.[101] Conviene recordar siempre que el ser humano es «capaz de ser por sí mismo agente responsable de su mejora material, de su progreso moral y de su desarrollo espiritual».[102] El trabajo debería ser el ámbito de este múltiple desarrollo personal, donde se ponen en juego muchas dimensiones de la vida: la creatividad, la proyección del futuro, el desarrollo de capacidades, el ejercicio de los valores, la comunicación con los demás, una actitud de adoración. Por eso, en la actual realidad social mundial, más allá de los intereses limitados de las empresas y de una cuestionable racionalidad económica, es necesario que «se siga buscando como *prioridad el objetivo del acceso al trabajo* por parte de todos».[103]

128. Estamos llamados al trabajo desde nuestra creación. No debe buscarse que el progreso tecnológico reemplace cada vez más el trabajo humano, con lo cual la humanidad se dañaría a sí misma. El trabajo es una necesidad, parte del sentido de la vida en esta tierra, camino de maduración, de desarrollo humano y de realización personal. En este sentido, ayudar a los pobres con dinero debe ser siempre una solución provisoria para resolver urgencias. El gran objetivo debería ser siempre permitirles una vida digna a través del trabajo. Pero la orientación de la economía ha propiciado un tipo de avance tecnológico para reducir costos de producción en razón de la disminución de los puestos de trabajo, que se reemplazan por máquinas. Es un modo más como la acción del ser humano puede volverse en contra de él mismo. La disminución de los puestos de trabajo «tiene también un impacto negativo en el plano económico por

el progresivo desgaste del "capital social", es decir, del conjunto
de relaciones de confianza, fiabilidad, y respeto de las normas,
que son indispensables en toda convivencia civil».[104] En definitiva, «*los costes humanos son siempre también costes económicos*
y las disfunciones económicas comportan igualmente costes
humanos».[105] Dejar de invertir en las personas para obtener
un mayor rédito inmediato es muy mal negocio para la
sociedad.

129. Para que siga siendo posible dar empleo, es imperioso promover una economía que favorezca la diversidad productiva y
la creatividad empresarial. Por ejemplo, hay una gran variedad
de sistemas alimentarios campesinos y de pequeña escala que
sigue alimentando a la mayor parte de la población mundial,
utilizando una baja proporción del territorio y del agua, y produciendo menos residuos, sea en pequeñas parcelas agrícolas,
huertas, caza y recolección silvestre o pesca artesanal. Las
economías de escala, especialmente en el sector agrícola, terminan forzando a los pequeños agricultores a vender sus tierras o a abandonar sus cultivos tradicionales. Los intentos de
algunos de ellos por avanzar en otras formas de producción
más diversificadas terminan siendo inútiles por la dificultad de
conectarse con los mercados regionales y globales o porque la
infraestructura de venta y de transporte está al servicio de las
grandes empresas. Las autoridades tienen el derecho y la responsabilidad de tomar medidas de claro y firme apoyo a los
pequeños productores y a la variedad productiva. Para que haya
una libertad económica de la que todos efectivamente se bene-
ficien, a veces puede ser necesario poner límites a quienes tienen
mayores recursos y poder financiero. Una libertad económica

sólo declamada, pero donde las condiciones *reales* impiden que muchos puedan acceder realmente a ella, y donde se deteriora el acceso al trabajo, se convierte en un discurso contradictorio que deshonra a la política. La actividad empresarial, que es una noble vocación orientada a producir riqueza y a mejorar el mundo para todos, puede ser una manera muy fecunda de promover la región donde instala sus emprendimientos, sobre todo si entiende que la creación de puestos de trabajo es parte ineludible de su servicio al bien común.

INNOVACIÓN BIOLÓGICA A PARTIR DE LA INVESTIGACIÓN

130. En la visión filosófica y teológica de la creación que he tratado de proponer, queda claro que la persona humana, con la peculiaridad de su razón y de su ciencia, no es un factor externo que deba ser totalmente excluido. No obstante, si bien el ser humano puede intervenir en vegetales y animales, y hacer uso de ellos cuando es necesario para su vida, el *Catecismo* enseña que las experimentaciones con animales sólo son legítimas «si se mantienen en límites razonables y contribuyen a cuidar o salvar vidas humanas».[106] Recuerda con firmeza que el poder humano tiene límites y que «es contrario a la dignidad humana hacer sufrir inútilmente a los animales y sacrificar sin necesidad sus vidas».[107] Todo uso y experimentación «exige un respeto religioso de la integridad de la creación».[108]

131. Quiero recoger aquí la equilibrada posición de san Juan Pablo II, quien resaltaba los beneficios de los adelantos científicos y tecnológicos, que «manifiestan cuán noble es la

vocación del hombre a participar responsablemente en la acción creadora de Dios», pero al mismo tiempo recordaba que «toda intervención en un área del ecosistema debe considerar sus consecuencias en otras áreas».[109] Expresaba que la Iglesia valora el aporte «del estudio y de las aplicaciones de la biología molecular, completada con otras disciplinas, como la genética, y su aplicación tecnológica en la agricultura y en la industria»,[110] aunque también decía que esto no debe dar lugar a una «indiscriminada manipulación genética»[111] que ignore los efectos negativos de estas intervenciones. No es posible frenar la creatividad humana. Si no se puede prohibir a un artista el despliegue de su capacidad creadora, tampoco se puede inhabilitar a quienes tienen especiales dones para el desarrollo científico y tecnológico, cuyas capacidades han sido donadas por Dios para el servicio a los demás. Al mismo tiempo, no pueden dejar de replantearse los objetivos, los efectos, el contexto y los límites éticos de esa actividad humana que es una forma de poder con altos riesgos.

132. En este marco debería situarse cualquier reflexión acerca de la intervención humana sobre los vegetales y animales, que hoy implica mutaciones genéticas generadas por la biotecnología, en orden a aprovechar las posibilidades presentes en la realidad material. El respeto de la fe a la razón implica prestar atención a lo que la misma ciencia biológica, desarrollada de manera independiente con respecto a los intereses económicos, puede enseñar acerca de las estructuras biológicas y de sus posibilidades y mutaciones. En todo caso, una intervención legítima es aquella que actúa en la naturaleza «para ayudarla a desarrollarse en su línea, la de la creación, la querida por Dios».[112]

133. Es difícil emitir un juicio general sobre el desarrollo de organismos genéticamente modificados (OMG), vegetales o animales, médicos o agropecuarios, ya que pueden ser muy diversos entre sí y requerir distintas consideraciones. Por otra parte, los riesgos no siempre se atribuyen a la técnica misma sino a su aplicación inadecuada o excesiva. En realidad, las mutaciones genéticas muchas veces fueron y son producidas por la misma naturaleza. Ni siquiera aquellas provocadas por la intervención humana son un fenómeno moderno. La domesticación de animales, el cruzamiento de especies y otras prácticas antiguas y universalmente aceptadas pueden incluirse en estas consideraciones. Cabe recordar que el inicio de los desarrollos científicos de cereales transgénicos estuvo en la observación de una bacteria que natural y espontáneamente producía una modificación en el genoma de un vegetal. Pero en la naturaleza estos procesos tienen un ritmo lento, que no se compara con la velocidad que imponen los avances tecnológicos actuales, aun cuando estos avances tengan detrás un desarrollo científico de varios siglos.

134. Si bien no hay comprobación contundente acerca del daño que podrían causar los cereales transgénicos a los seres humanos, y en algunas regiones su utilización ha provocado un crecimiento económico que ayudó a resolver problemas, hay dificultades importantes que no deben ser relativizadas. En muchos lugares, tras la introducción de estos cultivos, se constata una concentración de tierras productivas en manos de pocos debido a «la progresiva desaparición de pequeños productores que, como consecuencia de la pérdida de las tierras explotadas, se han visto obligados a retirarse de la producción

directa».[113] Los más frágiles se convierten en trabajadores precarios, y muchos empleados rurales terminan migrando a
miserables asentamientos de las ciudades. La expansión de la
frontera de estos cultivos arrasa con el complejo entramado de
los ecosistemas, disminuye la diversidad productiva y afecta
el presente y el futuro de las economías regionales. En varios
países se advierte una tendencia al desarrollo de oligopolios en
la producción de granos y de otros productos necesarios para su
cultivo, y la dependencia se agrava si se piensa en la producción
de granos estériles que terminaría obligando a los campesinos a
comprarlos a las empresas productoras.

135. Sin duda hace falta una atención constante, que lleve a considerar todos los aspectos éticos implicados. Para eso hay que
asegurar una discusión científica y social que sea responsable
y amplia, capaz de considerar toda la información disponible
y de llamar a las cosas por su nombre. A veces no se pone sobre la mesa la totalidad de la información, que se selecciona de
acuerdo con los propios intereses, sean políticos, económicos o
ideológicos. Esto vuelve difícil desarrollar un juicio equilibrado
y prudente sobre las diversas cuestiones, considerando todas las
variables atinentes. Es preciso contar con espacios de discusión
donde todos aquellos que de algún modo se pudieran ver directa o indirectamente afectados (agricultores, consumidores,
autoridades, científicos, semilleras, poblaciones vecinas a los
campos fumigados y otros) puedan exponer sus problemáticas o
acceder a información amplia y fidedigna para tomar decisiones
tendientes al bien común presente y futuro. Es una cuestión
ambiental de carácter complejo, por lo cual su tratamiento exige una mirada integral de todos sus aspectos, y esto requeriría

al menos un mayor esfuerzo para financiar diversas líneas de investigación libre e interdisciplinaria que puedan aportar nueva luz.

136. Por otra parte, es preocupante que cuando algunos movimientos ecologistas defienden la integridad del ambiente, y con razón reclaman ciertos límites a la investigación científica, a veces no aplican estos mismos principios a la vida humana. Se suele justificar que se traspasen todos los límites cuando se experimenta con embriones humanos vivos. Se olvida que el valor inalienable de un ser humano va más allá del grado de su desarrollo. De ese modo, cuando la técnica desconoce los grandes principios éticos, termina considerando legítima cualquier práctica. Como vimos en este capítulo, la técnica separada de la ética difícilmente será capaz de autolimitar su poder.

CAPÍTULO CUARTO

Una ecología integral

137. Dado que todo está íntimamente relacionado, y que los problemas actuales requieren una mirada que tenga en cuenta todos los factores de la crisis mundial, propongo que nos detengamos ahora a pensar en los distintos aspectos de una *ecología integral*, que incorpore claramente las dimensiones humanas y sociales.

I. Ecología ambiental, económica y social

138. La ecología estudia las relaciones entre los organismos vivientes y el ambiente donde se desarrollan. También exige sentarse a pensar y a discutir acerca de las condiciones de vida y de supervivencia de una sociedad, con la honestidad para poner en duda modelos de desarrollo, producción y consumo. No está de

más insistir en que todo está conectado. El tiempo y el espacio no son independientes entre sí, y ni siquiera los átomos o las partículas subatómicas se pueden considerar por separado. Así como los distintos componentes del planeta –físicos, químicos y biológicos– están relacionados entre sí, también las especies vivas conforman una red que nunca terminamos de reconocer y comprender. Buena parte de nuestra información genética se comparte con muchos seres vivos. Por eso, los conocimientos fragmentarios y aislados pueden convertirse en una forma de ignorancia si se resisten a integrarse en una visión más amplia de la realidad.

139. Cuando se habla de «medio ambiente», se indica particularmente una relación, la que existe entre la naturaleza y la sociedad que la habita. Esto nos impide entender la naturaleza como algo separado de nosotros o como un mero marco de nuestra vida. Estamos incluidos en ella, somos parte de ella y estamos interpenetrados. Las razones por las cuales un lugar se contamina exigen un análisis del funcionamiento de la sociedad, de su economía, de su comportamiento, de sus maneras de entender la realidad. Dada la magnitud de los cambios, ya no es posible encontrar una respuesta específica e independiente para cada parte del problema. Es fundamental buscar soluciones integrales que consideren las interacciones de los sistemas naturales entre sí y con los sistemas sociales. No hay dos crisis separadas, una ambiental y otra social, sino una sola y compleja crisis socio-ambiental. Las líneas para la solución requieren una aproximación integral para combatir la pobreza, para devolver la dignidad a los excluidos y simultáneamente para cuidar la naturaleza.

140. Debido a la cantidad y variedad de elementos a tener en cuenta, a la hora de determinar el impacto ambiental de un emprendimiento concreto, se vuelve indispensable dar a los investigadores un lugar preponderante y facilitar su interacción, con amplia libertad académica. Esta investigación constante debería permitir reconocer también cómo las distintas criaturas se relacionan conformando esas unidades mayores que hoy llamamos «ecosistemas». No los tenemos en cuenta sólo para determinar cuál es su uso racional, sino porque poseen un valor intrínseco independiente de ese uso. Así como cada organismo es bueno y admirable en sí mismo por ser una criatura de Dios, lo mismo ocurre con el conjunto armonioso de organismos en un espacio determinado, funcionando como un sistema. Aunque no tengamos conciencia de ello, dependemos de ese conjunto para nuestra propia existencia. Cabe recordar que los ecosistemas intervienen en el secuestro de dióxido de carbono, en la purificación del agua, en el control de enfermedades y plagas, en la formación del suelo, en la descomposición de residuos y en muchísimos otros servicios que olvidamos o ignoramos. Cuando advierten esto, muchas personas vuelven a tomar conciencia de que vivimos y actuamos a partir de una realidad que nos ha sido previamente regalada, que es anterior a nuestras capacidades y a nuestra existencia. Por eso, cuando se habla de «uso sostenible», siempre hay que incorporar una consideración sobre la capacidad de regeneración de cada ecosistema en sus diversas áreas y aspectos.

141. Por otra parte, el crecimiento económico tiende a producir automatismos y a homogeneizar, en orden a simplificar procedimientos y a reducir costos. Por eso es necesaria una ecología

económica, capaz de obligar a considerar la realidad de manera
más amplia. Porque «la protección del medio ambiente deberá
constituir parte integrante del proceso de desarrollo y no podrá considerarse en forma aislada».[114] Pero al mismo tiempo se
vuelve actual la necesidad imperiosa del humanismo, que de
por sí convoca a los distintos saberes, también al económico,
hacia una mirada más integral e integradora. Hoy el análisis de
los problemas ambientales es inseparable del análisis de los con-
textos humanos, familiares, laborales, urbanos, y de la relación
de cada persona consigo misma, que genera un determinado
modo de relacionarse con los demás y con el ambiente. Hay una
interacción entre los ecosistemas y entre los diversos mundos de
referencia social, y así se muestra una vez más que «el todo es
superior a la parte».[115]

142. Si todo está relacionado, también la salud de las instituciones de una sociedad tiene consecuencias en el ambiente
y en la calidad de vida humana: «Cualquier menoscabo de la
solidaridad y del civismo produce daños ambientales».[116] En ese
sentido, la ecología social es necesariamente institucional, y alcanza progresivamente las distintas dimensiones que van desde
el grupo social primario, la familia, pasando por la comunidad
local y la nación, hasta la vida internacional. Dentro de cada
uno de los niveles sociales y entre ellos, se desarrollan las instituciones que regulan las relaciones humanas. Todo lo que las
dañe entraña efectos nocivos, como la perdida de la libertad, la
injusticia y la violencia. Varios países se rigen con un nivel institucional precario, a costa del sufrimiento de las poblaciones y en
beneficio de quienes se lucran con ese estado de cosas. Tanto en
la administración del Estado, como en las distintas expresiones

de la sociedad civil, o en las relaciones de los habitantes entre sí, se registran con excesiva frecuencia conductas alejadas de las leyes. Estas pueden ser dictadas en forma correcta, pero suelen quedar como letra muerta. ¿Puede esperarse entonces que la legislación y las normas relacionadas con el medio ambiente sean realmente eficaces? Sabemos, por ejemplo, que países poseedores de una legislación clara para la protección de bosques siguen siendo testigos mudos de la frecuente violación de estas leyes. Además, lo que sucede en una región ejerce, directa o indirectamente, influencias en las demás regiones. Así, por ejemplo, el consumo de narcóticos en las sociedades opulentas provoca una constante y creciente demanda de productos originados en regiones empobrecidas, donde se corrompen conductas, se destruyen vidas y se termina degradando el ambiente.

II. Ecología cultural

143. Junto con el patrimonio natural, hay un patrimonio histórico, artístico y cultural, igualmente amenazado. Es parte de la identidad común de un lugar y una base para construir una ciudad habitable. No se trata de destruir y de crear nuevas ciudades supuestamente más ecológicas, donde no siempre se vuelve deseable vivir. Hace falta incorporar la historia, la cultura y la arquitectura de un lugar, manteniendo su identidad original. Por eso, la ecología también supone el cuidado de las riquezas culturales de la humanidad en su sentido más amplio. De manera más directa, reclama prestar atención a las culturas locales a la hora de analizar cuestiones relacionadas con el medio

ambiente, poniendo en diálogo el lenguaje científico-técnico con el lenguaje popular. Es la cultura no sólo en el sentido de los monumentos del pasado, sino especialmente en su sentido vivo, dinámico y participativo, que no puede excluirse a la hora de repensar la relación del ser humano con el ambiente.

144. La visión consumista del ser humano, alentada por los engranajes de la actual economía globalizada, tiende a homogeneizar las culturas y a debilitar la inmensa variedad cultural, que es un tesoro de la humanidad. Por eso, pretender resolver todas las dificultades a través de normativas uniformes o de intervenciones técnicas lleva a desatender la complejidad de las problemáticas locales, que requieren la intervención activa de los habitantes. Los nuevos procesos que se van gestando no siempre pueden ser incorporados en esquemas establecidos desde afuera, sino que deben partir de la misma cultura local. Así como la vida y el mundo son dinámicos, el cuidado del mundo debe ser flexible y dinámico. Las soluciones meramente técnicas corren el riesgo de atender a síntomas que no responden a las problemáticas más profundas. Hace falta incorporar la perspectiva de los derechos de los pueblos y las culturas, y así entender que el desarrollo de un grupo social supone un proceso histórico dentro de un contexto cultural y requiere del continuado protagonismo de los actores sociales locales *desde* su propia cultura. Ni siquiera la noción de calidad de vida puede imponerse, sino que debe entenderse dentro del mundo de símbolos y hábitos propios de cada grupo humano.

145. Muchas formas altamente concentradas de explotación y degradación del medio ambiente no sólo pueden acabar con

los recursos de subsistencia locales, sino también con capacidades sociales que han permitido un modo de vida que durante mucho tiempo ha otorgado identidad cultural y un sentido de la existencia y de la convivencia. La desaparición de una cultura puede ser tanto o más grave que la desaparición de una especie animal o vegetal. La imposición de un estilo hegemónico de vida ligado a un modo de producción puede ser tan dañina como la alteración de los ecosistemas.

146. En este sentido, es indispensable prestar especial atención a las comunidades aborígenes con sus tradiciones culturales. No son una simple minoría entre otras, sino que deben convertirse en los principales interlocutores, sobre todo a la hora de avanzar en grandes proyectos que afecten a sus espacios. Para ellos, la tierra no es un bien económico, sino don de Dios y de los antepasados que descansan en ella, un espacio sagrado con el cual necesitan interactuar para sostener su identidad y sus valores. Cuando permanecen en sus territorios, son precisamente ellos quienes mejor los cuidan. Sin embargo, en diversas partes del mundo, son objeto de presiones para que abandonen sus tierras a fin de dejarlas libres para proyectos extractivos y agropecuarios que no prestan atención a la degradación de la naturaleza y de la cultura.

III. Ecología de la vida cotidiana

147. Para que pueda hablarse de un auténtico desarrollo, habrá que asegurar que se produzca una mejora integral en la calidad de vida humana, y esto implica analizar el espacio donde

transcurre la existencia de las personas. Los escenarios que
nos rodean influyen en nuestro modo de ver la vida, de sentir
y de actuar. A la vez, en nuestra habitación, en nuestra casa,
en nuestro lugar de trabajo y en nuestro barrio, usamos el ambiente para expresar nuestra identidad. Nos esforzamos para
adaptarnos al medio y, cuando un ambiente es desordenado,
caótico o cargado de contaminación visual y acústica, el exceso
de estímulos nos desafía a intentar configurar una identidad
integrada y feliz.

148. Es admirable la creatividad y la generosidad de personas
y grupos que son capaces de revertir los límites del ambiente,
modificando los efectos adversos de los condicionamientos y aprendiendo a orientar su vida en medio del desorden
y la precariedad. Por ejemplo, en algunos lugares, donde las
fachadas de los edificios están muy deterioradas, hay personas que cuidan con mucha dignidad el interior de sus viviendas, o se sienten cómodas por la cordialidad y la amistad de
la gente. La vida social positiva y benéfica de los habitantes
derrama luz sobre un ambiente aparentemente desfavorable. A
veces es encomiable la ecología humana que pueden desarrollar los pobres en medio de tantas limitaciones. La sensación
de asfixia producida por la aglomeración en residencias y espacios con alta densidad poblacional se contrarresta si se desarrollan relaciones humanas cercanas y cálidas, si se crean
comunidades, si los límites del ambiente se compensan en el
interior de cada persona, que se siente contenida por una red
de comunión y de pertenencia. De ese modo, cualquier lugar
deja de ser un infierno y se convierte en el contexto de una
vida digna.

149. También es cierto que la carencia extrema que se vive en algunos ambientes que no poseen armonía, amplitud y posibilidades de integración facilita la aparición de comportamientos inhumanos y la manipulación de las personas por parte de organizaciones criminales. Para los habitantes de barrios muy precarios, el paso cotidiano del hacinamiento al anonimato social que se vive en las grandes ciudades puede provocar una sensación de desarraigo que favorece las conductas antisociales y la violencia. Sin embargo, quiero insistir en que el amor puede más. Muchas personas en estas condiciones son capaces de tejer lazos de pertenencia y de convivencia que convierten el hacinamiento en una experiencia comunitaria donde se rompen las paredes del yo y se superan las barreras del egoísmo. Esta experiencia de salvación comunitaria es lo que suele provocar reacciones creativas para mejorar un edificio o un barrio.[117]

150. Dada la interrelación entre el espacio y la conducta humana, quienes diseñan edificios, barrios, espacios públicos y ciudades necesitan del aporte de diversas disciplinas que permitan entender los procesos, el simbolismo y los comportamientos de las personas. No basta la búsqueda de la belleza en el diseño, porque más valioso todavía es el servicio a otra belleza: la calidad de vida de las personas, su adaptación al ambiente, el encuentro y la ayuda mutua. También por eso es tan importante que las perspectivas de los pobladores siempre completen el análisis del planeamiento urbano.

151. Hace falta cuidar los lugares comunes, los marcos visuales y los hitos urbanos que acrecientan nuestro sentido de pertenencia, nuestra sensación de arraigo, nuestro sentimiento de «estar

en casa» dentro de la ciudad que nos contiene y nos une. Es importante que las diferentes partes de una ciudad estén bien integradas y que los habitantes puedan tener una visión de conjunto, en lugar de encerrarse en un barrio privándose de vivir la ciudad entera como un espacio propio compartido con los demás. Toda intervención en el paisaje urbano o rural debería considerar cómo los distintos elementos del lugar conforman un todo que es percibido por los habitantes como un cuadro coherente con su riqueza de significados. Así los otros dejan de ser extraños, y se los puede sentir como parte de un «nosotros» que construimos juntos. Por esta misma razón, tanto en el ambiente urbano como en el rural, conviene preservar algunos lugares donde se eviten intervenciones humanas que los modifiquen constantemente.

152. La falta de viviendas es grave en muchas partes del mundo, tanto en las zonas rurales como en las grandes ciudades, porque los presupuestos estatales sólo suelen cubrir una pequeña parte de la demanda. No sólo los pobres, sino una gran parte de la sociedad sufre serias dificultades para acceder a una vivienda propia. La posesión de una vivienda tiene mucho que ver con la dignidad de las personas y con el desarrollo de las familias. Es una cuestión central de la ecología humana. Si en un lugar ya se han desarrollado conglomerados caóticos de casas precarias, se trata sobre todo de urbanizar esos barrios, no de erradicar y expulsar. Cuando los pobres viven en suburbios contaminados o en conglomerados peligrosos, «en el caso que se deba proceder a su traslado, y para no añadir más sufrimiento al que ya padecen, es necesario proporcionar una información adecuada y previa, ofrecer alternativas de alojamientos dignos e implicar directamente a

los interesados».[118] Al mismo tiempo, la creatividad debería llevar a integrar los barrios precarios en una ciudad acogedora: «¡Qué hermosas son las ciudades que superan la desconfianza enfermiza e integran a los diferentes, y que hacen de esa integración un nuevo factor de desarrollo! ¡Qué lindas son las ciudades que, aun en su diseño arquitectónico, están llenas de espacios que conectan, relacionan, favorecen el reconocimiento del otro!».[119]

153. La calidad de vida en las ciudades tiene mucho que ver con el transporte, que suele ser causa de grandes sufrimientos para los habitantes. En las ciudades circulan muchos automóviles utilizados por una o dos personas, con lo cual el tránsito se hace complicado, el nivel de contaminación es alto, se consumen cantidades enormes de energía no renovable y se vuelve necesaria la construcción de más autopistas y lugares de estacionamiento que perjudican la trama urbana. Muchos especialistas coinciden en la necesidad de priorizar el transporte público. Pero algunas medidas necesarias difícilmente serán pacíficamente aceptadas por la sociedad sin una mejora sustancial de ese transporte, que en muchas ciudades significa un trato indigno a las personas debido a la aglomeración, a la incomodidad o a la baja frecuencia de los servicios y a la inseguridad.

154. El reconocimiento de la dignidad peculiar del ser humano muchas veces contrasta con la vida caótica que deben llevar las personas en nuestras ciudades. Pero esto no debería hacer perder de vista el estado de abandono y olvido que sufren también algunos habitantes de zonas rurales, donde no llegan los servicios esenciales, y hay trabajadores reducidos a situaciones de esclavitud, sin derechos ni expectativas de una vida más digna.

155. La ecología humana implica también algo muy hondo: la necesaria relación de la vida del ser humano con la ley moral escrita en su propia naturaleza, necesaria para poder crear un ambiente más digno. Decía Benedicto XVI que existe una «ecología del hombre» porque «también el hombre posee una naturaleza que él debe respetar y que no puede manipular a su antojo».[120] En esta línea, cabe reconocer que nuestro propio cuerpo nos sitúa en una relación directa con el ambiente y con los demás seres vivientes. La aceptación del propio cuerpo como don de Dios es necesaria para acoger y aceptar el mundo entero como regalo del Padre y casa común, mientras una lógica de dominio sobre el propio cuerpo se transforma en una lógica a veces sutil de dominio sobre la creación. Aprender a recibir el propio cuerpo, a cuidarlo y a respetar sus significados, es esencial para una verdadera ecología humana. También la valoración del propio cuerpo en su feminidad o masculinidad es necesaria para reconocerse a sí mismo en el encuentro con el diferente. De este modo es posible aceptar gozosamente el don específico del otro o de la otra, obra del Dios creador, y enriquecerse recíprocamente. Por lo tanto, no es sana una actitud que pretenda «cancelar la diferencia sexual porque ya no sabe confrontarse con la misma».[121]

IV. El principio del bien común

156. La ecología integral es inseparable de la noción de bien común, un principio que cumple un rol central y unificador en la ética social. Es «el conjunto de condiciones de la vida social

que hacen posible a las asociaciones y a cada uno de sus miembros el logro más pleno y más fácil de la propia perfección».[122]

157. El bien común presupone el respeto a la persona humana en cuanto tal, con derechos básicos e inalienables ordenados a su desarrollo integral. También reclama el bienestar social y el desarrollo de los diversos grupos intermedios, aplicando el principio de la subsidiariedad. Entre ellos destaca especialmente la familia, como la célula básica de la sociedad. Finalmente, el bien común requiere la paz social, es decir, la estabilidad y seguridad de un cierto orden, que no se produce sin una atención particular a la justicia distributiva, cuya violación siempre genera violencia. Toda la sociedad –y en ella, de manera especial el Estado– tiene la obligación de defender y promover el bien común.

158. En las condiciones actuales de la sociedad mundial, donde hay tantas inequidades y cada vez son más las personas descartables, privadas de derechos humanos básicos, el principio del bien común se convierte inmediatamente, como lógica e ineludible consecuencia, en un llamado a la solidaridad y en una opción preferencial por los más pobres. Esta opción implica sacar las consecuencias del destino común de los bienes de la tierra, pero, como he intentado expresar en la Exhortación apostólica *Evangelii gaudium*,[123] exige contemplar ante todo la inmensa dignidad del pobre a la luz de las más hondas convicciones creyentes. Basta mirar la realidad para entender que esta opción hoy es una exigencia ética fundamental para la realización efectiva del bien común.

V. Justicia entre las generaciones

159. La noción de bien común incorpora también a las generaciones futuras. Las crisis económicas internacionales han mostrado con crudeza los efectos dañinos que trae aparejado el desconocimiento de un destino común, del cual no pueden ser excluidos quienes vienen detrás de nosotros. Ya no puede hablarse de desarrollo sostenible sin una solidaridad intergeneracional. Cuando pensamos en la situación en que se deja el planeta a las generaciones futuras, entramos en otra lógica, la del don gratuito que recibimos y comunicamos. Si la tierra nos es donada, ya no podemos pensar sólo desde un criterio utilitarista de eficiencia y productividad para el beneficio individual. No estamos hablando de una actitud opcional, sino de una cuestión básica de justicia, ya que la tierra que recibimos pertenece también a los que vendrán. Los Obispos de Portugal han exhortado a asumir este deber de justicia: «El ambiente se sitúa en la lógica de la recepción. Es un préstamo que cada generación recibe y debe transmitir a la generación siguiente».[124] Una ecología integral posee esa mirada amplia.

160. ¿Qué tipo de mundo queremos dejar a quienes nos sucedan, a los niños que están creciendo? Esta pregunta no afecta sólo al ambiente de manera aislada, porque no se puede plantear la cuestión de modo fragmentario. Cuando nos interrogamos por el mundo que queremos dejar, entendemos sobre todo su orientación general, su sentido, sus valores. Si no está latiendo esta pregunta de fondo, no creo que nuestras preocupaciones ecológicas puedan lograr efectos importantes. Pero si esta pregunta se plantea con valentía, nos lleva inexorablemente a otros

cuestionamientos muy directos: ¿Para qué pasamos por este mundo? ¿para qué vinimos a esta vida? ¿para qué trabajamos y luchamos? ¿para qué nos necesita esta tierra? Por eso, ya no basta decir que debemos preocuparnos por las futuras generaciones. Se requiere advertir que lo que está en juego es nuestra propia dignidad. Somos nosotros los primeros interesados en dejar un planeta habitable para la humanidad que nos sucederá. Es un drama para nosotros mismos, porque esto pone en crisis el sentido del propio paso por esta tierra.

161. Las predicciones catastróficas ya no pueden ser miradas con desprecio e ironía. A las próximas generaciones podríamos dejarles demasiados escombros, desiertos y suciedad. El ritmo de consumo, de desperdicio y de alteración del medio ambiente ha superado las posibilidades del planeta, de tal manera que el estilo de vida actual, por ser insostenible, sólo puede terminar en catástrofes, como de hecho ya está ocurriendo periódicamente en diversas regiones. La atenuación de los efectos del actual desequilibrio depende de lo que hagamos ahora mismo, sobre todo si pensamos en la responsabilidad que nos atribuirán los que deberán soportar las peores consecuencias.

162. La dificultad para tomar en serio este desafío tiene que ver con un deterioro ético y cultural, que acompaña al deterioro ecológico. El hombre y la mujer del mundo posmoderno corren el riesgo permanente de volverse profundamente individualistas, y muchos problemas sociales se relacionan con el inmediatismo egoísta actual, con las crisis de los lazos familiares y sociales, con las dificultades para el reconocimiento del otro. Muchas veces hay un consumo inmediatista y excesivo de los

padres que afecta a los propios hijos, quienes tienen cada vez
más dificultades para adquirir una casa propia y fundar una familia. Además, nuestra incapacidad para pensar seriamente en
las futuras generaciones está ligada a nuestra incapacidad para
ampliar los intereses actuales y pensar en quienes quedan excluidos del desarrollo. No imaginemos solamente a los pobres
del futuro, basta que recordemos a los pobres de hoy, que tienen
pocos años de vida en esta tierra y no pueden seguir esperando.
Por eso, «además de la leal solidaridad intergeneracional, se ha
de reiterar la urgente necesidad moral de una renovada solidaridad intrageneracional».[125]

CAPÍTULO QUINTO

Algunas líneas de orientación y acción

163. He intentado analizar la situación actual de la humanidad, tanto en las grietas que se observan en el planeta que habitamos, como en las causas más profundamente humanas de la degradación ambiental. Si bien esa contemplación de la realidad en sí misma ya nos indica la necesidad de un cambio de rumbo y nos sugiere algunas acciones, intentemos ahora delinear grandes caminos de diálogo que nos ayuden a salir de la espiral de autodestrucción en la que nos estamos sumergiendo.

I. Diálogo sobre el medio ambiente en la política internacional

164. Desde mediados del siglo pasado, y superando muchas dificultades, se ha ido afirmando la tendencia a concebir el planeta

como patria y la humanidad como pueblo que habita una casa de todos. Un mundo interdependiente no significa únicamente entender que las consecuencias perjudiciales de los estilos de vida, producción y consumo afectan a todos, sino principalmente procurar que las soluciones se propongan desde una perspectiva global y no sólo en defensa de los intereses de algunos países. La interdependencia nos obliga a pensar en *un solo mundo, en un proyecto común*. Pero la misma inteligencia que se utilizó para un enorme desarrollo tecnológico no logra encontrar formas eficientes de gestión internacional en orden a resolver las graves dificultades ambientales y sociales. Para afrontar los problemas de fondo, que no pueden ser resueltos por acciones de países aislados, es indispensable un consenso mundial que lleve, por ejemplo, a programar una agricultura sostenible y diversificada, a desarrollar formas renovables y poco contaminantes de energía, a fomentar una mayor eficiencia energética, a promover una gestión más adecuada de los recursos forestales y marinos, a asegurar a todos el acceso al agua potable.

165. Sabemos que la tecnología basada en combustibles fósiles muy contaminantes –sobre todo el carbón, pero aun el petróleo y, en menor medida, el gas– necesita ser reemplazada progresivamente y sin demora. Mientras no haya un amplio desarrollo de energías renovables, que debería estar ya en marcha, es legítimo optar por la alternativa menos perjudicial o acudir a soluciones transitorias. Sin embargo, en la comunidad internacional no se logran acuerdos suficientes sobre la responsabilidad de quienes deben soportar los costos de la transición energética. En las últimas décadas, las cuestiones ambientales han generado un gran debate público que ha hecho crecer en la sociedad civil espacios

de mucho compromiso y de entrega generosa. La política y la empresa reaccionan con lentitud, lejos de estar a la altura de los desafíos mundiales. En este sentido se puede decir que, mientras la humanidad del período post-industrial quizás sea recordada como una de las más irresponsables de la historia, es de esperar que la humanidad de comienzos del siglo XXI pueda ser recordada por haber asumido con generosidad sus graves responsabilidades.

166. El movimiento ecológico mundial ha hecho ya un largo recorrido, enriquecido por el esfuerzo de muchas organizaciones de la sociedad civil. No sería posible aquí mencionarlas a todas ni recorrer la historia de sus aportes. Pero, gracias a tanta entrega, las cuestiones ambientales han estado cada vez más presentes en la agenda pública y se han convertido en una invitación constante a pensar a largo plazo. No obstante, las Cumbres mundiales sobre el ambiente de los últimos años no respondieron a las expectativas porque, por falta de decisión política, no alcanzaron acuerdos ambientales globales realmente significativos y eficaces.

167. Cabe destacar la Cumbre de la Tierra, celebrada en 1992 en Río de Janeiro. Allí se proclamó que «los seres humanos constituyen el centro de las preocupaciones relacionadas con el desarrollo sostenible».[126] Retomando contenidos de la Declaración de Estocolmo (1972), consagró la cooperación internacional para cuidar el ecosistema de toda la tierra, la obligación por parte de quien contamina de hacerse cargo económicamente de ello, el deber de evaluar el impacto ambiental de toda obra o proyecto. Propuso el objetivo de estabilizar las concentraciones de gases

de efecto invernadero en la atmósfera para revertir el calentamiento global. También elaboró una agenda con un programa de acción y un convenio sobre diversidad biológica, declaró principios en materia forestal. Si bien aquella cumbre fue verdaderamente superadora y profética para su época, los acuerdos han tenido un bajo nivel de implementación porque no se establecieron adecuados mecanismos de control, de revisión periódica y de sanción de los incumplimientos. Los principios enunciados siguen reclamando caminos eficaces y ágiles de ejecución práctica.

168. Como experiencias positivas se pueden mencionar, por ejemplo, el Convenio de Basilea sobre los desechos peligrosos, con un sistema de notificación, estándares y controles; también la Convención vinculante que regula el comercio internacional de especies amenazadas de fauna y flora silvestre, que incluye misiones de verificación del cumplimiento efectivo. Gracias a la Convención de Viena para la protección de la capa de ozono y a su implementación mediante el Protocolo de Montreal y sus enmiendas, el problema del adelgazamiento de esa capa parece haber entrado en una fase de solución.

169. En el cuidado de la diversidad biológica y en lo relacionado con la desertificación, los avances han sido mucho menos significativos. En lo relacionado con el cambio climático, los avances son lamentablemente muy escasos. La reducción de gases de efecto invernadero requiere honestidad, valentía y responsabilidad, sobre todo de los países más poderosos y más contaminantes. La Conferencia de las Naciones Unidas sobre el desarrollo sostenible denominada Rio+20 (Río de Janeiro 2012) emitió una extensa

e ineficaz Declaración final. Las negociaciones internacionales no pueden avanzar significativamente por las posiciones de los países que privilegian sus intereses nacionales sobre el bien común global. Quienes sufrirán las consecuencias que nosotros intentamos disimular recordarán esta falta de conciencia y de responsabilidad. Mientras se elaboraba esta Encíclica, el debate ha adquirido una particular intensidad. Los creyentes no podemos dejar de pedirle a Dios por el avance positivo en las discusiones actuales, de manera que las generaciones futuras no sufran las consecuencias de imprudentes retardos.

170. Algunas de las estrategias de baja emisión de gases contaminantes buscan la internacionalización de los costos ambientales, con el peligro de imponer a los países de menores recursos pesados compromisos de reducción de emisiones comparables a los de los países más industrializados. La imposición de estas medidas perjudica a los países más necesitados de desarrollo. De este modo, se agrega una nueva injusticia envuelta en el ropaje del cuidado del ambiente. Como siempre, el hilo se corta por lo más débil. Dado que los efectos del cambio climático se harán sentir durante mucho tiempo, aun cuando ahora se tomen medidas estrictas, algunos países con escasos recursos necesitarán ayuda para adaptarse a efectos que ya se están produciendo y que afectan sus economías. Sigue siendo cierto que hay responsabilidades comunes pero diferenciadas, sencillamente porque, como han dicho los Obispos de Bolivia, «los países que se han beneficiado por un alto grado de industrialización, a costa de una enorme emisión de gases invernaderos, tienen mayor responsabilidad en aportar a la solución de los problemas que han causado».[127]

171. La estrategia de compraventa de «bonos de carbono» puede dar lugar a una nueva forma de especulación, y no servir para reducir la emisión global de gases contaminantes. Este sistema parece ser una solución rápida y fácil, con la apariencia de cierto compromiso con el medio ambiente, pero que de ninguna manera implica un cambio radical a la altura de las circunstancias. Más bien puede convertirse en un recurso diversivo que permita sostener el sobreconsumo de algunos países y sectores.

172. Los países pobres necesitan tener como prioridad la erradicación de la miseria y el desarrollo social de sus habitantes, aunque deban analizar el nivel escandaloso de consumo de algunos sectores privilegiados de su población y controlar mejor la corrupción. También es verdad que deben desarrollar formas menos contaminantes de producción de energía, pero para ello requieren contar con la ayuda de los países que han crecido mucho a costa de la contaminación actual del planeta. El aprovechamiento directo de la abundante energía solar requiere que se establezcan mecanismos y subsidios de modo que los países en desarrollo puedan acceder a transferencia de tecnologías, asistencia técnica y recursos financieros, pero siempre prestando atención a las condiciones concretas, ya que «no siempre es adecuadamente evaluada la compatibilidad de los sistemas con el contexto para el cual fueron diseñados».[128] Los costos serían bajos si se los compara con los riesgos del cambio climático. De todos modos, es ante todo una decisión ética, fundada en la solidaridad de todos los pueblos.

173. Urgen acuerdos internacionales que se cumplan, dada la fragilidad de las instancias locales para intervenir de modo eficaz.

Las relaciones entre Estados deben resguardar la soberanía de cada uno, pero también establecer caminos consensuados para evitar catástrofes locales que terminarían afectando a todos. Hacen falta marcos regulatorios globales que impongan obligaciones y que impidan acciones intolerables, como el hecho de que empresas o países poderosos expulsen a otros países residuos e industrias altamente contaminantes.

174. Mencionemos también el sistema de gobernanza de los océanos. Pues, si bien hubo diversas convenciones internacionales y regionales, la fragmentación y la ausencia de severos mecanismos de reglamentación, control y sanción terminan minando todos los esfuerzos. El creciente problema de los residuos marinos y la protección de las áreas marinas más allá de las fronteras nacionales continúa planteando un desafío especial. En definitiva, necesitamos un acuerdo sobre los regímenes de gobernanza para toda la gama de los llamados «bienes comunes globales».

175. La misma lógica que dificulta tomar decisiones drásticas para invertir la tendencia al calentamiento global es la que no permite cumplir con el objetivo de erradicar la pobreza. Necesitamos una reacción global más responsable, que implica encarar al mismo tiempo la reducción de la contaminación y el desarrollo de los países y regiones pobres. El siglo XXI, mientras mantiene un sistema de gobernanza propio de épocas pasadas, es escenario de un debilitamiento de poder de los Estados nacionales, sobre todo porque la dimensión económico-financiera, de características transnacionales, tiende a predominar sobre la política. En este contexto, se vuelve indispensable la maduración de instituciones

internacionales más fuertes y eficazmente organizadas, con autoridades designadas equitativamente por acuerdo entre los gobiernos nacionales, y dotadas de poder para sancionar. Como afirmaba Benedicto XVI en la línea ya desarrollada por la doctrina social de la Iglesia, «para gobernar la economía mundial, para sanear las economías afectadas por la crisis, para prevenir su empeoramiento y mayores desequilibrios consiguientes, para lograr un oportuno desarme integral, la seguridad alimenticia y la paz, para garantizar la salvaguardia del ambiente y regular los flujos migratorios, urge la presencia de una verdadera Autoridad política mundial, como fue ya esbozada por mi Predecesor, [san] Juan XXIII».[129] En esta perspectiva, la diplomacia adquiere una importancia inédita, en orden a promover estrategias internacionales que se anticipen a los problemas más graves que terminan afectando a todos.

II. Diálogo hacia nuevas políticas nacionales y locales

176. No sólo hay ganadores y perdedores entre los países, sino también dentro de los países pobres, donde deben identificarse diversas responsabilidades. Por eso, las cuestiones relacionadas con el ambiente y con el desarrollo económico ya no se pueden plantear sólo desde las diferencias entre los países, sino que requieren prestar atención a las políticas nacionales y locales.

177. Ante la posibilidad de una utilización irresponsable de las capacidades humanas, son funciones impostergables de cada

Estado planificar, coordinar, vigilar y sancionar dentro de su propio territorio. La sociedad, ¿cómo ordena y custodia su devenir en un contexto de constantes innovaciones tecnológicas? Un factor que actúa como moderador ejecutivo es el derecho, que establece las reglas para las conductas admitidas a la luz del bien común. Los límites que debe imponer una sociedad sana, madura y soberana se asocian con: previsión y precaución, regulaciones adecuadas, vigilancia de la aplicación de las normas, control de la corrupción, acciones de control operativo sobre los efectos emergentes no deseados de los procesos productivos, e intervención oportuna ante riesgos inciertos o potenciales. Hay una creciente jurisprudencia orientada a disminuir los efectos contaminantes de los emprendimientos empresariales. Pero el marco político e institucional no existe sólo para evitar malas prácticas, sino también para alentar las mejores prácticas, para estimular la creatividad que busca nuevos caminos, para facilitar las iniciativas personales y colectivas.

178. El drama del inmediatismo político, sostenido también por poblaciones consumistas, provoca la necesidad de producir crecimiento a corto plazo. Respondiendo a intereses electorales, los gobiernos no se exponen fácilmente a irritar a la población con medidas que puedan afectar al nivel de consumo o poner en riesgo inversiones extranjeras. La miopía de la construcción de poder detiene la integración de la agenda ambiental con mirada amplia en la agenda pública de los gobiernos. Se olvida así que «el tiempo es superior al espacio»[130], que siempre somos más fecundos cuando nos preocupamos por generar procesos más que por dominar espacios de poder. La grandeza política se muestra cuando, en momentos difíciles, se obra por grandes

principios y pensando en el bien común a largo plazo. Al poder político le cuesta mucho asumir este deber en un proyecto de nación.

179. En algunos lugares, se están desarrollando cooperativas para la explotación de energías renovables que permiten el autoabastecimiento local e incluso la venta de excedentes. Este sencillo ejemplo indica que, mientras el orden mundial existente se muestra impotente para asumir responsabilidades, la instancia local puede hacer una diferencia. Pues allí se puede generar una mayor responsabilidad, un fuerte sentido comunitario, una especial capacidad de cuidado y una creatividad más generosa, un entrañable amor a la propia tierra, así como se piensa en lo que se deja a los hijos y a los nietos. Estos valores tienen un arraigo muy hondo en las poblaciones aborígenes. Dado que el derecho a veces se muestra insuficiente debido a la corrupción, se requiere una decisión política presionada por la población. La sociedad, a través de organismos no gubernamentales y asociaciones intermedias, debe obligar a los gobiernos a desarrollar normativas, procedimientos y controles más rigurosos. Si los ciudadanos no controlan al poder político —nacional, regional y municipal—, tampoco es posible un control de los daños ambientales. Por otra parte, las legislaciones de los municipios pueden ser más eficaces si hay acuerdos entre poblaciones vecinas para sostener las mismas políticas ambientales.

180. No se puede pensar en recetas uniformes, porque hay problemas y límites específicos de cada país o región. También es verdad que el realismo político puede exigir medidas y tecnologías de transición, siempre que estén acompañadas del

diseño y la aceptación de compromisos graduales vinculantes. Pero en los ámbitos nacionales y locales siempre hay mucho por hacer, como promover las formas de ahorro de energía. Esto implica favorecer formas de producción industrial con máxima eficiencia energética y menos cantidad de materia prima, quitando del mercado los productos que son poco eficaces desde el punto de vista energético o que son más contaminantes. También podemos mencionar una buena gestión del transporte o formas de construcción y de saneamiento de edificios que reduzcan su consumo energético y su nivel de contaminación. Por otra parte, la acción política local puede orientarse a la modificación del consumo, al desarrollo de una economía de residuos y de reciclaje, a la protección de especies y a la programación de una agricultura diversificada con rotación de cultivos. Es posible alentar el mejoramiento agrícola de regiones pobres mediante inversiones en infraestructuras rurales, en la organización del mercado local o nacional, en sistemas de riego, en el desarrollo de técnicas agrícolas sostenibles. Se pueden facilitar formas de cooperación o de organización comunitaria que defiendan los intereses de los pequeños productores y preserven los ecosistemas locales de la depredación. ¡Es tanto lo que sí se puede hacer!

181. Es indispensable la continuidad, porque no se pueden modificar las políticas relacionadas con el cambio climático y la protección del ambiente cada vez que cambia un gobierno. Los resultados requieren mucho tiempo, y suponen costos inmediatos con efectos que no podrán ser mostrados dentro del actual período de gobierno. Por eso, sin la presión de la población y de las instituciones siempre habrá resistencia a intervenir, más aún cuando haya urgencias que resolver. Que un político

asuma estas responsabilidades con los costos que implican, no responde a la lógica eficientista e inmediatista de la economía y de la política actual, pero si se atreve a hacerlo, volverá a reconocer la dignidad que Dios le ha dado como humano y dejará tras su paso por esta historia un testimonio de generosa responsabilidad. Hay que conceder un lugar preponderante a una sana política, capaz de reformar las instituciones, coordinarlas y dotarlas de mejores prácticas, que permitan superar presiones e inercias viciosas. Sin embargo, hay que agregar que los mejores mecanismos terminan sucumbiendo cuando faltan los grandes fines, los valores, una comprensión humanista y rica de sentido que otorguen a cada sociedad una orientación noble y generosa.

III. Diálogo y transparencia en los procesos decisionales

182. La previsión del impacto ambiental de los emprendimientos y proyectos requiere procesos políticos transparentes y sujetos al diálogo, mientras la corrupción, que esconde el verdadero impacto ambiental de un proyecto a cambio de favores, suele llevar a acuerdos espurios que evitan informar y debatir ampliamente.

183. Un estudio del impacto ambiental no debería ser posterior a la elaboración de un proyecto productivo o de cualquier política, plan o programa a desarrollarse. Tiene que insertarse desde el principio y elaborarse de modo interdisciplinario, transparente e independiente de toda presión económica o política. Debe conectarse con el análisis de las condiciones de trabajo y de los

posibles efectos en la salud física y mental de las personas, en la economía local, en la seguridad. Los resultados económicos podrán así deducirse de manera más realista, teniendo en cuenta los escenarios posibles y eventualmente previendo la necesidad de una inversión mayor para resolver efectos indeseables que puedan ser corregidos. Siempre es necesario alcanzar consensos entre los distintos actores sociales, que pueden aportar diferentes perspectivas, soluciones y alternativas. Pero en la mesa de discusión deben tener un lugar privilegiado los habitantes locales, quienes se preguntan por lo que quieren para ellos y para sus hijos, y pueden considerar los fines que trascienden el interés económico inmediato. Hay que dejar de pensar en «intervenciones» sobre el ambiente para dar lugar a políticas pensadas y discutidas por todas las partes interesadas. La participación requiere que todos sean adecuadamente informados de los diversos aspectos y de los diferentes riesgos y posibilidades, y no se reduce a la decisión inicial sobre un proyecto, sino que implica también acciones de seguimiento o monitorización constante. Hace falta sinceridad y verdad en las discusiones científicas y políticas, sin reducirse a considerar qué está permitido o no por la legislación.

184. Cuando aparecen eventuales riesgos para el ambiente que afecten al bien común presente y futuro, esta situación exige «que las decisiones se basen en una comparación entre los riesgos y los beneficios hipotéticos que comporta cada decisión alternativa posible».[131] Esto vale sobre todo si un proyecto puede producir un incremento de utilización de recursos naturales, de emisiones o vertidos, de generación de residuos, o una modificación significativa en el paisaje, en el hábitat de especies

protegidas o en un espacio público. Algunos proyectos, no suficientemente analizados, pueden afectar profundamente la calidad de vida de un lugar debido a cuestiones tan diversas entre sí como una contaminación acústica no prevista, la reducción de la amplitud visual, la pérdida de valores culturales, los efectos del uso de energía nuclear. La cultura consumista, que da prioridad al corto plazo y al interés privado, puede alentar trámites demasiado rápidos o consentir el ocultamiento de información.

185. En toda discusión acerca de un emprendimiento, una serie de preguntas deberían plantearse en orden a discernir si aportará a un verdadero desarrollo integral: ¿Para qué? ¿Por qué? ¿Dónde? ¿Cuándo? ¿De qué manera? ¿Para quién? ¿Cuáles son los riesgos? ¿A qué costo? ¿Quién paga los costos y cómo lo hará? En este examen hay cuestiones que deben tener prioridad. Por ejemplo, sabemos que el agua es un recurso escaso e indispensable y es un derecho fundamental que condiciona el ejercicio de otros derechos humanos. Eso es indudable y supera todo análisis de impacto ambiental de una región.

186. En la Declaración de Río de 1992, se sostiene que, «cuando haya peligro de daño grave o irreversible, la falta de certeza científica absoluta no deberá utilizarse como razón para postergar la adopción de medidas eficaces»[132] que impidan la degradación del medio ambiente. Este principio precautorio permite la protección de los más débiles, que disponen de pocos medios para defenderse y para aportar pruebas irrefutables. Si la información objetiva lleva a prever un daño grave e irreversible, aunque no haya una comprobación indiscutible, cualquier proyecto debería detenerse o modificarse. Así se invierte el peso de la

prueba, ya que en estos casos hay que aportar una demostración objetiva y contundente de que la actividad propuesta no va a generar daños graves al ambiente o a quienes lo habitan.

187. Esto no implica oponerse a cualquier innovación tecnológica que permita mejorar la calidad de vida de una población. Pero en todo caso debe quedar en pie que la rentabilidad no puede ser el único criterio a tener en cuenta y que, en el momento en que aparezcan nuevos elementos de juicio a partir de la evolución de la información, debería haber una nueva evaluación con participación de todas las partes interesadas. El resultado de la discusión podría ser la decisión de no avanzar en un proyecto, pero también podría ser su modificación o el desarrollo de propuestas alternativas.

188. Hay discusiones sobre cuestiones relacionadas con el ambiente donde es difícil alcanzar consensos. Una vez más expreso que la Iglesia no pretende definir las cuestiones científicas ni sustituir a la política, pero invito a un debate honesto y transparente, para que las necesidades particulares o las ideologías no afecten al bien común.

IV. La política y la economía en diálogo para la realización del ser humano

189. La política no debe someterse a la economía y ésta no debe someterse a los dictámenes y al paradigma eficientista de la tecnocracia. Hoy, pensando en el bien común, necesitamos

imperiosamente que la política y la economía, en diálogo, se coloquen decididamente al servicio de la vida, especialmente de la vida humana. La salvación de los bancos a toda costa, haciendo pagar el precio a la población, sin la firme decisión de revisar y reformar el entero sistema, reafirma un dominio absoluto de las finanzas que no tiene futuro y que sólo podrá generar nuevas crisis después de una larga, costosa y aparente curación. La crisis financiera de 2007–2008 era la ocasión para el desarrollo de una nueva economía más atenta a los principios éticos y para una nueva regulación de la actividad financiera especulativa y de la riqueza ficticia. Pero no hubo una reacción que llevara a repensar los criterios obsoletos que siguen rigiendo al mundo. La producción no es siempre racional, y suele estar atada a variables económicas que fijan a los productos un valor que no coincide con su valor real. Eso lleva muchas veces a una sobreproducción de algunas mercancías, con un impacto ambiental innecesario, que al mismo tiempo perjudica a muchas economías regionales.[133] La burbuja financiera también suele ser una burbuja productiva. En definitiva, lo que no se afronta con energía es el problema de la economía real, la que hace posible que se diversifique y mejore la producción, que las empresas funcionen adecuadamente, que las pequeñas y medianas empresas se desarrollen y creen empleo.

190. En este contexto, siempre hay que recordar que «la protección ambiental no puede asegurarse sólo en base al cálculo financiero de costos y beneficios. El ambiente es uno de esos bienes que los mecanismos del mercado no son capaces de defender o de promover adecuadamente».[134] Una vez más, conviene evitar una concepción mágica del mercado, que tiende a pensar que los problemas se resuelven sólo con el crecimiento de los

beneficios de las empresas o de los individuos. ¿Es realista esperar que quien se obsesiona por el máximo beneficio se detenga a pensar en los efectos ambientales que dejará a las próximas generaciones? Dentro del esquema del rédito no hay lugar para pensar en los ritmos de la naturaleza, en sus tiempos de degradación y de regeneración, y en la complejidad de los ecosistemas, que pueden ser gravemente alterados por la intervención humana. Además, cuando se habla de biodiversidad, a lo sumo se piensa en ella como un depósito de recursos económicos que podría ser explotado, pero no se considera seriamente el valor real de las cosas, su significado para las personas y las culturas, los intereses y necesidades de los pobres.

191. Cuando se plantean estas cuestiones, algunos reaccionan acusando a los demás de pretender detener irracionalmente el progreso y el desarrollo humano. Pero tenemos que convencernos de que desacelerar un determinado ritmo de producción y de consumo puede dar lugar a otro modo de progreso y desarrollo. Los esfuerzos para un uso sostenible de los recursos naturales no son un gasto inútil, sino una inversión que podrá ofrecer otros beneficios económicos a medio plazo. Si no tenemos estrechez de miras, podemos descubrir que la diversificación de una producción más innovativa y con menor impacto ambiental, puede ser muy rentable. Se trata de abrir camino a oportunidades diferentes, que no implican detener la creatividad humana y su sueño de progreso, sino orientar esa energía con cauces nuevos.

192. Por ejemplo, un camino de desarrollo productivo más creativo y mejor orientado podría corregir el hecho de que haya una inversión tecnológica excesiva para el consumo y poca para

resolver problemas pendientes de la humanidad; podría generar formas inteligentes y rentables de reutilización, refuncionalización y reciclado; podría mejorar la eficiencia energética de las ciudades. La diversificación productiva da amplísimas posibilidades a la inteligencia humana para crear e innovar, a la vez que protege el ambiente y crea más fuentes de trabajo. Esta sería una creatividad capaz de hacer florecer nuevamente la nobleza del ser humano, porque es más digno usar la inteligencia, con audacia y responsabilidad, para encontrar formas de desarrollo sostenible y equitativo, en el marco de una noción más amplia de lo que es la calidad de vida. En cambio, es más indigno, superficial y menos creativo insistir en crear formas de expolio de la naturaleza sólo para ofrecer nuevas posibilidades de consumo y de rédito inmediato.

193. De todos modos, si en algunos casos el desarrollo sostenible implicará nuevas formas de crecer, en otros casos, frente al crecimiento voraz e irresponsable que se produjo durante muchas décadas, hay que pensar también en detener un poco la marcha, en poner algunos límites racionales e incluso en volver atrás antes que sea tarde. Sabemos que es insostenible el comportamiento de aquellos que consumen y destruyen más y más, mientras otros todavía no pueden vivir de acuerdo con su dignidad humana. Por eso ha llegado la hora de aceptar cierto decrecimiento en algunas partes del mundo aportando recursos para que se pueda crecer sanamente en otras partes. Decía Benedicto XVI que «es necesario que las sociedades tecnológicamente avanzadas estén dispuestas a favorecer comportamientos caracterizados por la sobriedad, disminuyendo el propio consumo de energía y mejorando las condiciones de su uso».[135]

194. Para que surjan nuevos modelos de progreso, necesitamos «cambiar el modelo de desarrollo global»[136] lo cual implica reflexionar responsablemente «sobre el sentido de la economía y su finalidad, para corregir sus disfunciones y distorsiones»[137]. No basta conciliar, en un término medio, el cuidado de la naturaleza con la renta financiera, o la preservación del ambiente con el progreso. En este tema los términos medios son sólo una pequeña demora en el derrumbe. Simplemente se trata de redefinir el progreso. Un desarrollo tecnológico y económico que no deja un mundo mejor y una calidad de vida integralmente superior no puede considerarse progreso. Por otra parte, muchas veces la calidad real de la vida de las personas disminuye –por el deterioro del ambiente, la baja calidad de los mismos productos alimenticios o el agotamiento de algunos recursos– en el contexto de un crecimiento de la economía. En este marco, el discurso del crecimiento sostenible suele convertirse en un recurso diversivo y exculpatorio que absorbe valores del discurso ecologista dentro de la lógica de las finanzas y de la tecnocracia, y la responsabilidad social y ambiental de las empresas suele reducirse a una serie de acciones de marketing e imagen.

195. El principio de maximización de la ganancia, que tiende a aislarse de toda otra consideración, es una distorsión conceptual de la economía: si aumenta la producción, interesa poco que se produzca a costa de los recursos futuros o de la salud del ambiente; si la tala de un bosque aumenta la producción, nadie mide en ese cálculo la pérdida que implica desertificar un territorio, dañar la biodiversidad o aumentar la contaminación. Es decir, las empresas obtienen ganancias calculando y pagando una parte ínfima de los costos. Sólo podría considerarse ético

un comportamiento en el cual «los costes económicos y sociales que se derivan del uso de los recursos ambientales comunes se reconozcan de manera transparente y sean sufragados totalmente por aquellos que se benefician, y no por otros o por las futuras generaciones».[138] La racionalidad instrumental, que sólo aporta un análisis estático de la realidad en función de necesidades actuales, está presente tanto cuando quien asigna los recursos es el mercado como cuando lo hace un Estado planificador.

196. ¿Qué ocurre con la política? Recordemos el principio de subsidiariedad, que otorga libertad para el desarrollo de las capacidades presentes en todos los niveles, pero al mismo tiempo exige más responsabilidad por el bien común a quien tiene más poder. Es verdad que hoy algunos sectores económicos ejercen más poder que los mismos Estados. Pero no se puede justificar una economía sin política, que sería incapaz de propiciar otra lógica que rija los diversos aspectos de la crisis actual. La lógica que no permite prever una preocupación sincera por el ambiente es la misma que vuelve imprevisible una preocupación por integrar a los más frágiles, porque «en el vigente modelo "exitista" y "privatista" no parece tener sentido invertir para que los lentos, débiles o menos dotados puedan abrirse camino en la vida».[139]

197. Necesitamos una política que piense con visión amplia, y que lleve adelante un replanteo integral, incorporando en un diálogo interdisciplinario los diversos aspectos de la crisis. Muchas veces la misma política es responsable de su propio descrédito, por la corrupción y por la falta de buenas políticas públicas. Si el Estado no cumple su rol en una región, algunos

grupos económicos pueden aparecer como benefactores y detentar el poder real, sintiéndose autorizados a no cumplir ciertas normas, hasta dar lugar a diversas formas de criminalidad organizada, trata de personas, narcotráfico y violencia muy difíciles de erradicar. Si la política no es capaz de romper una lógica perversa, y también queda subsumida en discursos empobrecidos, seguiremos sin afrontar los grandes problemas de la humanidad. Una estrategia de cambio real exige repensar la totalidad de los procesos, ya que no basta con incluir consideraciones ecológicas superficiales mientras no se cuestione la lógica subyacente en la cultura actual. Una sana política debería ser capaz de asumir este desafío.

198. La política y la economía tienden a culparse mutuamente por lo que se refiere a la pobreza y a la degradación del ambiente. Pero lo que se espera es que reconozcan sus propios errores y encuentren formas de interacción orientadas al bien común. Mientras unos se desesperan sólo por el rédito económico y otros se obsesionan sólo por conservar o acrecentar el poder, lo que tenemos son guerras o acuerdos espurios donde lo que menos interesa a las dos partes es preservar el ambiente y cuidar a los más débiles. Aquí también vale que «la unidad es superior al conflicto».[140]

V. Las religiones en el diálogo con las ciencias

199. No se puede sostener que las ciencias empíricas explican completamente la vida, el entramado de todas las criaturas y

el conjunto de la realidad. Eso sería sobrepasar indebidamente
sus confines metodológicos limitados. Si se reflexiona con ese
marco cerrado, desaparecen la sensibilidad estética, la poesía, y
aun la capacidad de la razón para percibir el sentido y la finalidad de las cosas.[141] Quiero recordar que «los textos religiosos
clásicos pueden ofrecer un significado para todas las épocas,
tienen una fuerza motivadora que abre siempre nuevos horizontes [...] ¿Es razonable y culto relegarlos a la oscuridad, sólo
por haber surgido en el contexto de una creencia religiosa?»[142]
En realidad, es ingenuo pensar que los principios éticos puedan
presentarse de un modo puramente abstracto, desligados de
todo contexto, y el hecho de que aparezcan con un lenguaje
religioso no les quita valor alguno en el debate público. Los
principios éticos que la razón es capaz de percibir pueden reapa-
recer siempre bajo distintos ropajes y expresados con lenguajes
diversos, incluso religiosos.

200. Por otra parte, cualquier solución técnica que pretendan
aportar las ciencias será impotente para resolver los graves problemas del mundo si la humanidad pierde su rumbo, si se olvidan
las grandes motivaciones que hacen posible la convivencia, el
sacrificio, la bondad. En todo caso, habrá que interpelar a los
creyentes a ser coherentes con su propia fe y a no contradecirla
con sus acciones, habrá que reclamarles que vuelvan a abrirse a
la gracia de Dios y a beber en lo más hondo de sus propias convicciones sobre el amor, la justicia y la paz. Si una mala comprensión de nuestros propios principios a veces nos ha llevado
a justificar el maltrato a la naturaleza o el dominio despótico
del ser humano sobre lo creado o las guerras, la injusticia y la
violencia, los creyentes podemos reconocer que de esa manera

hemos sido infieles al tesoro de sabiduría que debíamos custodiar. Muchas veces los límites culturales de diversas épocas han condicionado esa conciencia del propio acervo ético y espiritual, pero es precisamente el regreso a sus fuentes lo que permite a las religiones responder mejor a las necesidades actuales.

201. La mayor parte de los habitantes del planeta se declaran creyentes, y esto debería provocar a las religiones a entrar en un diálogo entre ellas orientado al cuidado de la naturaleza, a la defensa de los pobres, a la construcción de redes de respeto y de fraternidad. Es imperioso también un diálogo entre las ciencias mismas, porque cada una suele encerrarse en los límites de su propio lenguaje, y la especialización tiende a convertirse en aislamiento y en absolutización del propio saber. Esto impide afrontar adecuadamente los problemas del medio ambiente. También se vuelve necesario un diálogo abierto y amable entre los diferentes movimientos ecologistas, donde no faltan las luchas ideológicas. La gravedad de la crisis ecológica nos exige a todos pensar en el bien común y avanzar en un camino de diálogo que requiere paciencia, ascesis y generosidad, recordando siempre que «la realidad es superior a la idea».[143]

CAPÍTULO SEXTO

Educación y espiritualidad ecológica

202. Muchas cosas tienen que reorientar su rumbo, pero ante todo la humanidad necesita cambiar. Hace falta la conciencia de un origen común, de una pertenencia mutua y de un futuro compartido por todos. Esta conciencia básica permitiría el desarrollo de nuevas convicciones, actitudes y formas de vida. Se destaca así un gran desafío cultural, espiritual y educativo que supondrá largos procesos de regeneración.

I. Apostar por otro estilo de vida

203. Dado que el mercado tiende a crear un mecanismo consumista compulsivo para colocar sus productos, las personas terminan sumergidas en la vorágine de las compras y los gastos innecesarios. El consumismo obsesivo es el reflejo subjetivo

del paradigma tecnoeconómico. Ocurre lo que ya señalaba Romano Guardini: el ser humano «acepta los objetos y las formas de vida, tal como le son impuestos por la planificación y por los productos fabricados en serie y, después de todo, actúa así con el sentimiento de que eso es lo racional y lo acertado».[144] Tal paradigma hace creer a todos que son libres mientras tengan una supuesta libertad para consumir, cuando quienes en realidad poseen la libertad son los que integran la minoría que detenta el poder económico y financiero. En esta confusión, la humanidad posmoderna no encontró una nueva comprensión de sí misma que pueda orientarla, y esta falta de identidad se vive con angustia. Tenemos demasiados medios para unos escasos y raquíticos fines.

204. La situación actual del mundo «provoca una sensación de inestabilidad e inseguridad que a su vez favorece formas de egoísmo colectivo».[145] Cuando las personas se vuelven autorreferenciales y se aíslan en su propia conciencia, acrecientan su voracidad. Mientras más vacío está el corazón de la persona, más necesita objetos para comprar, poseer y consumir. En este contexto, no parece posible que alguien acepte que la realidad le marque límites. Tampoco existe en ese horizonte un verdadero bien común. Si tal tipo de sujeto es el que tiende a predominar en una sociedad, las normas sólo serán respetadas en la medida en que no contradigan las propias necesidades. Por eso, no pensemos sólo en la posibilidad de terribles fenómenos climáticos o en grandes desastres naturales, sino también en catástrofes derivadas de crisis sociales, porque la obsesión por un estilo de vida consumista, sobre todo cuando sólo unos pocos puedan sostenerlo, sólo podrá provocar violencia y destrucción recíproca.

205. Sin embargo, no todo está perdido, porque los seres humanos, capaces de degradarse hasta el extremo, también pueden sobreponerse, volver a optar por el bien y regenerarse, más allá de todos los condicionamientos mentales y sociales que les impongan. Son capaces de mirarse a sí mismos con honestidad, de sacar a la luz su propio hastío y de iniciar caminos nuevos hacia la verdadera libertad. No hay sistemas que anulen por completo la apertura al bien, a la verdad y a la belleza, ni la capacidad de reacción que Dios sigue alentando desde lo profundo de los corazones humanos. A cada persona de este mundo le pido que no olvide esa dignidad suya que nadie tiene derecho a quitarle.

206. Un cambio en los estilos de vida podría llegar a ejercer una sana presión sobre los que tienen poder político, económico y social. Es lo que ocurre cuando los movimientos de consumidores logran que dejen de adquirirse ciertos productos y así se vuelven efectivos para modificar el comportamiento de las empresas, forzándolas a considerar el impacto ambiental y los patrones de producción. Es un hecho que, cuando los hábitos de la sociedad afectan el rédito de las empresas, estas se ven presionadas a producir de otra manera. Ello nos recuerda la responsabilidad social de los consumidores. «Comprar es siempre un acto moral, y no sólo económico».[146] Por eso, hoy «el tema del deterioro ambiental cuestiona los comportamientos de cada uno de nosotros».[147]

207. La Carta de la Tierra nos invitaba a todos a dejar atrás una etapa de autodestrucción y a comenzar de nuevo, pero todavía no hemos desarrollado una conciencia universal que lo haga posible. Por eso me atrevo a proponer nuevamente aquel

precioso desafío: «Como nunca antes en la historia, el destino común nos hace un llamado a buscar un nuevo comienzo [...] Que el nuestro sea un tiempo que se recuerde por el despertar de una nueva reverencia ante la vida; por la firme resolución de alcanzar la sostenibilidad; por el aceleramiento en la lucha por la justicia y la paz y por la alegre celebración de la vida».[148]

208. Siempre es posible volver a desarrollar la capacidad de salir de sí hacia el otro. Sin ella no se reconoce a las demás criaturas en su propio valor, no interesa cuidar algo para los demás, no hay capacidad de ponerse límites para evitar el sufrimiento o el deterioro de lo que nos rodea. La actitud básica de autotrascenderse, rompiendo la conciencia aislada y la autorreferencialidad, es la raíz que hace posible todo cuidado de los demás y del medio ambiente, y que hace brotar la reacción moral de considerar el impacto que provoca cada acción y cada decisión personal fuera de uno mismo. Cuando somos capaces de superar el individualismo, realmente se puede desarrollar un estilo de vida alternativo y se vuelve posible un cambio importante en la sociedad.

II. Educación para la alianza entre la humanidad y el ambiente

209. La conciencia de la gravedad de la crisis cultural y ecológica necesita traducirse en nuevos hábitos. Muchos saben que el progreso actual y la mera sumatoria de objetos o placeres no bastan para darle sentido y gozo al corazón humano, pero no se sienten

capaces de renunciar a lo que el mercado les ofrece. En los países que deberían producir los mayores cambios de hábitos de consumo, los jóvenes tienen una nueva sensibilidad ecológica y un espíritu generoso, y algunos de ellos luchan admirablemente por la defensa del ambiente, pero han crecido en un contexto de altísimo consumo y bienestar que vuelve difícil el desarrollo de otros hábitos. Por eso estamos ante un desafío educativo.

210. La educación ambiental ha ido ampliando sus objetivos. Si al comienzo estaba muy centrada en la información científica y en la concientización y prevención de riesgos ambientales, ahora tiende a incluir una crítica de los «mitos» de la modernidad basados en la razón instrumental (individualismo, progreso indefinido, competencia, consumismo, mercado sin reglas) y también a recuperar los distintos niveles del equilibrio ecológico: el interno con uno mismo, el solidario con los demás, el natural con todos los seres vivos, el espiritual con Dios. La educación ambiental debería disponernos a dar ese salto hacia el Misterio, desde donde una ética ecológica adquiere su sentido más hondo. Por otra parte, hay educadores capaces de replantear los itinerarios pedagógicos de una ética ecológica, de manera que ayuden efectivamente a crecer en la solidaridad, la responsabilidad y el cuidado basado en la compasión.

211. Sin embargo, esta educación, llamada a crear una «ciudadanía ecológica», a veces se limita a informar y no logra desarrollar hábitos. La existencia de leyes y normas no es suficiente a largo plazo para limitar los malos comportamientos, aun cuando exista un control efectivo. Para que la norma jurídica produzca efectos importantes y duraderos, es necesario que la

mayor parte de los miembros de la sociedad la haya aceptado a partir de motivaciones adecuadas, y que reaccione desde una transformación personal. Sólo a partir del cultivo de sólidas virtudes es posible la donación de sí en un compromiso ecológico. Si una persona, aunque la propia economía le permita consumir y gastar más, habitualmente se abriga un poco en lugar de encender la calefacción, se supone que ha incorporado convicciones y sentimientos favorables al cuidado del ambiente. Es muy noble asumir el deber de cuidar la creación con pequeñas acciones cotidianas, y es maravilloso que la educación sea capaz de motivarlas hasta conformar un estilo de vida. La educación en la responsabilidad ambiental puede alentar diversos comportamientos que tienen una incidencia directa e importante en el cuidado del ambiente, como evitar el uso de material plástico y de papel, reducir el consumo de agua, separar los residuos, cocinar sólo lo que razonablemente se podrá comer, tratar con cuidado a los demás seres vivos, utilizar transporte público o compartir un mismo vehículo entre varias personas, plantar árboles, apagar las luces innecesarias. Todo esto es parte de una generosa y digna creatividad, que muestra lo mejor del ser humano. El hecho de reutilizar algo en lugar de desecharlo rápidamente, a partir de profundas motivaciones, puede ser un acto de amor que exprese nuestra propia dignidad.

212. No hay que pensar que esos esfuerzos no van a cambiar el mundo. Esas acciones derraman un bien en la sociedad que siempre produce frutos más allá de lo que se pueda constatar, porque provocan en el seno de esta tierra un bien que siempre tiende a difundirse, a veces invisiblemente. Además, el desarrollo de estos comportamientos nos devuelve el sentimiento de

la propia dignidad, nos lleva a una mayor profundidad vital, nos permite experimentar que vale la pena pasar por este mundo.

213. Los ámbitos educativos son diversos: la escuela, la familia, los medios de comunicación, la catequesis, etc. Una buena educación escolar en la temprana edad coloca semillas que pueden producir efectos a lo largo de toda una vida. Pero quiero destacar la importancia central de la familia, porque «es el ámbito donde la vida, don de Dios, puede ser acogida y protegida de manera adecuada contra los múltiples ataques a que está expuesta, y puede desarrollarse según las exigencias de un auténtico crecimiento humano. Contra la llamada cultura de la muerte, la familia constituye la sede de la cultura de la vida».[149] En la familia se cultivan los primeros hábitos de amor y cuidado de la vida, como por ejemplo el uso correcto de las cosas, el orden y la limpieza, el respeto al ecosistema local y la protección de todos los seres creados. La familia es el lugar de la formación integral, donde se desenvuelven los distintos aspectos, íntimamente relacionados entre sí, de la maduración personal. En la familia se aprende a pedir permiso sin avasallar, a decir «gracias» como expresión de una sentida valoración de las cosas que recibimos, a dominar la agresividad o la voracidad, y a pedir perdón cuando hacemos algún daño. Estos pequeños gestos de sincera cortesía ayudan a construir una cultura de la vida compartida y del respeto a lo que nos rodea.

214. A la política y a las diversas asociaciones les compete un esfuerzo de concientización de la población. También a la Iglesia. Todas las comunidades cristianas tienen un rol importante que cumplir en esta educación. Espero también que en nuestros

seminarios y casas religiosas de formación se eduque para una austeridad responsable, para la contemplación agradecida del mundo, para el cuidado de la fragilidad de los pobres y del ambiente. Dado que es mucho lo que está en juego, así como se necesitan instituciones dotadas de poder para sancionar los ataques al medio ambiente, también necesitamos controlarnos y educarnos unos a otros.

215. En este contexto, «no debe descuidarse la relación que hay entre una adecuada educación estética y la preservación de un ambiente sano».[150] Prestar atención a la belleza y amarla nos ayuda a salir del pragmatismo utilitarista. Cuando alguien no aprende a detenerse para percibir y valorar lo bello, no es extraño que todo se convierta para él en objeto de uso y abuso inescrupuloso. Al mismo tiempo, si se quiere conseguir cambios profundos, hay que tener presente que los paradigmas de pensamiento realmente influyen en los comportamientos. La educación será ineficaz y sus esfuerzos serán estériles si no procura también difundir un nuevo paradigma acerca del ser humano, la vida, la sociedad y la relación con la naturaleza. De otro modo, seguirá avanzando el paradigma consumista que se transmite por los medios de comunicación y a través de los eficaces engranajes del mercado.

III. Conversión ecológica

216. La gran riqueza de la espiritualidad cristiana, generada por veinte siglos de experiencias personales y comunitarias, ofrece un bello aporte al intento de renovar la humanidad.

Quiero proponer a los cristianos algunas líneas de espiritualidad ecológica que nacen de las convicciones de nuestra fe, porque lo que el Evangelio nos enseña tiene consecuencias en nuestra forma de pensar, sentir y vivir. No se trata de hablar tanto de ideas, sino sobre todo de las motivaciones que surgen de la espiritualidad para alimentar una pasión por el cuidado del mundo. Porque no será posible comprometerse en cosas grandes sólo con doctrinas sin una mística que nos anime, sin «unos móviles interiores que impulsan, motivan, alientan y dan sentido a la acción personal y comunitaria».[151] Tenemos que reconocer que no siempre los cristianos hemos recogido y desarrollado las riquezas que Dios ha dado a la Iglesia, donde la espiritualidad no está desconectada del propio cuerpo ni de la naturaleza o de las realidades de este mundo, sino que se vive con ellas y en ellas, en comunión con todo lo que nos rodea.

217. Si «los desiertos exteriores se multiplican en el mundo porque se han extendido los desiertos interiores»,[152] la crisis ecológica es un llamado a una profunda conversión interior. Pero también tenemos que reconocer que algunos cristianos comprometidos y orantes, bajo una excusa de realismo y pragmatismo, suelen burlarse de las preocupaciones por el medio ambiente. Otros son pasivos, no se deciden a cambiar sus hábitos y se vuelven incoherentes. Les hace falta entonces una *conversión ecológica*, que implica dejar brotar todas las consecuencias de su encuentro con Jesucristo en las relaciones con el mundo que los rodea. Vivir la vocación de ser protectores de la obra de Dios es parte esencial de una existencia virtuosa, no consiste en algo opcional ni en un aspecto secundario de la experiencia cristiana.

218. Recordemos el modelo de san Francisco de Asís, para proponer una sana relación con lo creado como una dimensión de la conversión íntegra de la persona. Esto implica también reconocer los propios errores, pecados, vicios o negligencias, y arrepentirse de corazón, cambiar desde adentro. Los Obispos australianos supieron expresar la conversión en términos de reconciliación con la creación: «Para realizar esta reconciliación debemos examinar nuestras vidas y reconocer de qué modo ofendemos a la creación de Dios con nuestras acciones y nuestra incapacidad de actuar. Debemos hacer la experiencia de una conversión, de un cambio del corazón».[153]

219. . Sin embargo, no basta que cada uno sea mejor para resolver una situación tan compleja como la que afronta el mundo actual. Los individuos aislados pueden perder su capacidad y su libertad para superar la lógica de la razón instrumental y terminan a merced de un consumismo sin ética y sin sentido social y ambiental. A problemas sociales se responde con redes comunitarias, no con la mera suma de bienes individuales: «Las exigencias de esta tarea van a ser tan enormes, que no hay forma de satisfacerlas con las posibilidades de la iniciativa individual y de la unión de particulares formados en el individualismo. Se requerirán una reunión de fuerzas y una unidad de realización».[154] La conversión ecológica que se requiere para crear un dinamismo de cambio duradero es también una conversión comunitaria.

220. Esta conversión supone diversas actitudes que se conjugan para movilizar un cuidado generoso y lleno de ternura. En primer lugar implica gratitud y gratuidad, es decir, un reconocimiento del mundo como un don recibido del amor del Padre,

que provoca como consecuencia actitudes gratuitas de renuncia y gestos generosos aunque nadie los vea o los reconozca: «Que tu mano izquierda no sepa lo que hace la derecha [...] y tu Padre que ve en lo secreto te recompensará» (*Mt* 6,3–4). También implica la amorosa conciencia de no estar desconectados de las demás criaturas, de formar con los demás seres del universo una preciosa comunión universal. Para el creyente, el mundo no se contempla desde fuera sino desde dentro, reconociendo los lazos con los que el Padre nos ha unido a todos los seres. Además, haciendo crecer las capacidades peculiares que Dios le ha dado, la conversión ecológica lleva al creyente a desarrollar su creatividad y su entusiasmo, para resolver los dramas del mundo, ofreciéndose a Dios «como un sacrificio vivo, santo y agradable» (*Rm* 12,1). No entiende su superioridad como motivo de gloria personal o de dominio irresponsable, sino como una capacidad diferente, que a su vez le impone una grave responsabilidad que brota de su fe.

221. Diversas convicciones de nuestra fe, desarrolladas al comienzo de esta Encíclica, ayudan a enriquecer el sentido de esta conversión, como la conciencia de que cada criatura refleja algo de Dios y tiene un mensaje que enseñarnos, o la seguridad de que Cristo ha asumido en sí este mundo material y ahora, resucitado, habita en lo íntimo de cada ser, rodeándolo con su cariño y penetrándolo con su luz. También el reconocimiento de que Dios ha creado el mundo inscribiendo en él un orden y un dinamismo que el ser humano no tiene derecho a ignorar. Cuando uno lee en el Evangelio que Jesús habla de los pájaros, y dice que «ninguno de ellos está olvidado ante Dios» (*Lc* 12,6), ¿será capaz de maltratarlos o de hacerles daño? Invito a todos

los cristianos a explicitar esta dimensión de su conversión, permitiendo que la fuerza y la luz de la gracia recibida se explayen también en su relación con las demás criaturas y con el mundo que los rodea, y provoque esa sublime fraternidad con todo lo creado que tan luminosamente vivió san Francisco de Asís.

IV. Gozo y paz

222. La espiritualidad cristiana propone un modo alternativo de entender la calidad de vida, y alienta un estilo de vida profético y contemplativo, capaz de gozar profundamente sin obsesionarse por el consumo. Es importante incorporar una vieja enseñanza, presente en diversas tradiciones religiosas, y también en la Biblia. Se trata de la convicción de que «menos es más». La constante acumulación de posibilidades para consumir distrae el corazón e impide valorar cada cosa y cada momento. En cambio, el hacerse presente serenamente ante cada realidad, por pequeña que sea, nos abre muchas más posibilidades de comprensión y de realización personal. La espiritualidad cristiana propone un crecimiento con sobriedad y una capacidad de gozar con poco. Es un retorno a la simplicidad que nos permite detenernos a valorar lo pequeño, agradecer las posibilidades que ofrece la vida sin apegarnos a lo que tenemos ni entristecernos por lo que no poseemos. Esto supone evitar la dinámica del dominio y de la mera acumulación de placeres.

223. La sobriedad que se vive con libertad y conciencia es liberadora. No es menos vida, no es una baja intensidad sino

todo lo contrario. En realidad, quienes disfrutan más y viven mejor cada momento son los que dejan de picotear aquí y allá, buscando siempre lo que no tienen, y experimentan lo que es valorar cada persona y cada cosa, aprenden a tomar contacto y saben gozar con lo más simple. Así son capaces de disminuir las necesidades insatisfechas y reducen el cansancio y la obsesión. Se puede necesitar poco y vivir mucho, sobre todo cuando se es capaz de desarrollar otros placeres y se encuentra satisfacción en los encuentros fraternos, en el servicio, en el despliegue de los carismas, en la música y el arte, en el contacto con la naturaleza, en la oración. La felicidad requiere saber limitar algunas necesidades que nos atontan, quedando así disponibles para las múltiples posibilidades que ofrece la vida.

224. La sobriedad y la humildad no han gozado de una valoración positiva en el último siglo. Pero cuando se debilita de manera generalizada el ejercicio de alguna virtud en la vida personal y social, ello termina provocando múltiples desequilibrios, también ambientales. Por eso, ya no basta hablar sólo de la integridad de los ecosistemas. Hay que atreverse a hablar de la integridad de la vida humana, de la necesidad de alentar y conjugar todos los grandes valores. La desaparición de la humildad, en un ser humano desaforadamente entusiasmado con la posibilidad de dominarlo todo sin límite alguno, sólo puede terminar dañando a la sociedad y al ambiente. No es fácil desarrollar esta sana humildad y una feliz sobriedad si nos volvemos autónomos, si excluimos de nuestra vida a Dios y nuestro yo ocupa su lugar, si creemos que es nuestra propia subjetividad la que determina lo que está bien o lo que está mal.

225. Por otro lado, ninguna persona puede madurar en una feliz sobriedad si no está en paz consigo mismo. Parte de una adecuada comprensión de la espiritualidad consiste en ampliar lo que entendemos por paz, que es mucho más que la ausencia de guerra. La paz interior de las personas tiene mucho que ver con el cuidado de la ecología y con el bien común, porque, auténticamente vivida, se refleja en un estilo de vida equilibrado unido a una capacidad de admiración que lleva a la profundidad de la vida. La naturaleza está llena de palabras de amor, pero ¿cómo podremos escucharlas en medio del ruido constante, de la distracción permanente y ansiosa, o del culto a la apariencia? Muchas personas experimentan un profundo desequilibrio que las mueve a hacer las cosas a toda velocidad para sentirse ocupadas, en una prisa constante que a su vez las lleva a atropellar todo lo que tienen a su alrededor. Esto tiene un impacto en el modo como se trata al ambiente. Una ecología integral implica dedicar algo de tiempo para recuperar la serena armonía con la creación, para reflexionar acerca de nuestro estilo de vida y nuestros ideales, para contemplar al Creador, que vive entre nosotros y en lo que nos rodea, cuya presencia «no debe ser fabricada sino descubierta, develada».[155]

226. Estamos hablando de una actitud del corazón, que vive todo con serena atención, que sabe estar plenamente presente ante alguien sin estar pensando en lo que viene después, que se entrega a cada momento como don divino que debe ser plenamente vivido. Jesús nos enseñaba esta actitud cuando nos invitaba a mirar los lirios del campo y las aves del cielo, o cuando, ante la presencia de un hombre inquieto, «detuvo en él su mirada, y lo amó» (*Mc* 10,21). Él sí que estaba plenamente presente

ante cada ser humano y ante cada criatura, y así nos mostró un camino para superar la ansiedad enfermiza que nos vuelve superficiales, agresivos y consumistas desenfrenados.

227. Una expresión de esta actitud es detenerse a dar gracias a Dios antes y después de las comidas. Propongo a los creyentes que retomen este valioso hábito y lo vivan con profundidad. Ese momento de la bendición, aunque sea muy breve, nos recuerda nuestra dependencia de Dios para la vida, fortalece nuestro sentido de gratitud por los dones de la creación, reconoce a aquellos que con su trabajo proporcionan estos bienes y refuerza la solidaridad con los más necesitados.

V. Amor civil y político

228. El cuidado de la naturaleza es parte de un estilo de vida que implica capacidad de convivencia y de comunión. Jesús nos recordó que tenemos a Dios como nuestro Padre común y que eso nos hace hermanos. El amor fraterno sólo puede ser gratuito, nunca puede ser un pago por lo que otro realice ni un anticipo por lo que esperamos que haga. Por eso es posible amar a los enemigos. Esta misma gratuidad nos lleva a amar y aceptar el viento, el sol o las nubes, aunque no se sometan a nuestro control. Por eso podemos hablar de una *fraternidad universal*.

229. Hace falta volver a sentir que nos necesitamos unos a otros, que tenemos una responsabilidad por los demás y por el mundo, que vale la pena ser buenos y honestos. Ya hemos

tenido mucho tiempo de degradación moral, burlándonos de la
ética, de la bondad, de la fe, de la honestidad, y llegó la hora de
advertir que esa alegre superficialidad nos ha servido de poco.
Esa destrucción de todo fundamento de la vida social termina
enfrentándonos unos con otros para preservar los propios intereses, provoca el surgimiento de nuevas formas de violencia
y crueldad e impide el desarrollo de una verdadera cultura del
cuidado del ambiente.

230. El ejemplo de santa Teresa de Lisieux nos invita a la
práctica del pequeño camino del amor, a no perder la opor-
tunidad de una palabra amable, de una sonrisa, de cualquier
pequeño gesto que siembre paz y amistad. Una ecología integral también está hecha de simples gestos cotidianos donde
rompemos la lógica de la violencia, del aprovechamiento, del
egoísmo. Mientras tanto, el mundo del consumo exacerbado es
al mismo tiempo el mundo del maltrato de la vida en todas
sus formas.

231. El amor, lleno de pequeños gestos de cuidado mutuo, es
también civil y político, y se manifiesta en todas las acciones
que procuran construir un mundo mejor. El amor a la sociedad
y el compromiso por el bien común son una forma excelente de
la caridad, que no sólo afecta a las relaciones entre los individuos, sino a «las macro-relaciones, como las relaciones sociales,
económicas y políticas».[156] Por eso, la Iglesia propuso al mundo
el ideal de una «civilización del amor».[157] El amor social es la
clave de un auténtico desarrollo: «Para plasmar una sociedad
más humana, más digna de la persona, es necesario revalorizar

el amor en la vida social –a nivel político, económico, cultural–, haciéndolo la norma constante y suprema de la acción».[158] En este marco, junto con la importancia de los pequeños gestos cotidianos, el amor social nos mueve a pensar en grandes estrategias que detengan eficazmente la degradación ambiental y alienten una *cultura del cuidado* que impregne toda la sociedad. Cuando alguien reconoce el llamado de Dios a intervenir junto con los demás en estas dinámicas sociales, debe recordar que eso es parte de su espiritualidad, que es ejercicio de la caridad y que de ese modo madura y se santifica.

232. No todos están llamados a trabajar de manera directa en la política, pero en el seno de la sociedad germina una innumerable variedad de asociaciones que intervienen a favor del bien común preservando el ambiente natural y urbano. Por ejemplo, se preocupan por un lugar común (un edificio, una fuente, un monumento abandonado, un paisaje, una plaza), para proteger, sanear, mejorar o embellecer algo que es de todos. A su alrededor se desarrollan o se recuperan vínculos y surge un nuevo tejido social local. Así una comunidad se libera de la indiferencia consumista. Esto incluye el cultivo de una identidad común, de una historia que se conserva y se transmite. De esa manera se cuida el mundo y la calidad de vida de los más pobres, con un sentido solidario que es al mismo tiempo conciencia de habitar una casa común que Dios nos ha prestado. Estas acciones comunitarias, cuando expresan un amor que se entrega, pueden convertirse en intensas experiencias espirituales.

VI. Signos sacramentales y descanso celebrativo

233. El universo se desarrolla en Dios, que lo llena todo. Entonces hay mística en una hoja, en un camino, en el rocío, en el rostro del pobre.[159] El ideal no es sólo pasar de lo exterior a lo interior para descubrir la acción de Dios en el alma, sino también llegar a encontrarlo en todas las cosas, como enseñaba san Buenaventura: «La contemplación es tanto más eminente cuanto más siente en sí el hombre el efecto de la divina gracia o también cuanto mejor sabe encontrar a Dios en las criaturas exteriores».[160]

234. San Juan de la Cruz enseñaba que todo lo bueno que hay en las cosas y experiencias del mundo «está en Dios eminentemente en infinita manera, o, por mejor decir, cada una de estas grandezas que se dicen es Dios».[161] No es porque las cosas limitadas del mundo sean realmente divinas, sino porque el místico experimenta la íntima conexión que hay entre Dios y todos los seres, y así «siente ser todas las cosas Dios».[162] Si le admira la grandeza de una montaña, no puede separar eso de Dios, y percibe que esa admiración interior que él vive debe depositarse en el Señor: «Las montañas tienen alturas, son abundantes, anchas, y hermosas, o graciosas, floridas y olorosas. Estas montañas es mi Amado para mí. Los valles solitarios son quietos, amenos, frescos, umbrosos, de dulces aguas llenos, y en la variedad de sus arboledas y en el suave canto de aves hacen gran recreación y deleite al sentido, dan refrigerio y descanso en su soledad y silencio. Estos valles es mi Amado para mí».[163]

235. Los Sacramentos son un modo privilegiado de cómo la naturaleza es asumida por Dios y se convierte en mediación de la vida sobrenatural. A través del culto somos invitados a abrazar el mundo en un nivel distinto. El agua, el aceite, el fuego y los colores son asumidos con toda su fuerza simbólica y se incorporan en la alabanza. La mano que bendice es instrumento del amor de Dios y reflejo de la cercanía de Jesucristo que vino a acompañarnos en el camino de la vida. El agua que se derrama sobre el cuerpo del niño que se bautiza es signo de vida nueva. No escapamos del mundo ni negamos la naturaleza cuando queremos encontrarnos con Dios. Esto se puede percibir particularmente en la espiritualidad cristiana oriental: «La belleza, que en Oriente es uno de los nombres con que más frecuentemente se suele expresar la divina armonía y el modelo de la humanidad transfigurada, se muestra por doquier: en las formas del templo, en los sonidos, en los colores, en las luces y en los perfumes».[164] Para la experiencia cristiana, todas las criaturas del universo material encuentran su verdadero sentido en el Verbo encarnado, porque el Hijo de Dios ha incorporado en su persona parte del universo material, donde ha introducido un germen de transformación definitiva: «el Cristianismo no rechaza la materia, la corporeidad; al contrario, la valoriza plenamente en el acto litúrgico, en el que el cuerpo humano muestra su naturaleza íntima de templo del Espíritu y llega a unirse al Señor Jesús, hecho también él cuerpo para la salvación del mundo».[165]

236. En la Eucaristía lo creado encuentra su mayor elevación. La gracia, que tiende a manifestarse de modo sensible, logra una expresión asombrosa cuando Dios mismo, hecho hombre,

llega a hacerse comer por su criatura. El Señor, en el colmo del
misterio de la Encarnación, quiso llegar a nuestra intimidad a
través de un pedazo de materia. No desde arriba, sino desde
adentro, para que en nuestro propio mundo pudiéramos encontrarlo a él. En la Eucaristía ya está realizada la plenitud, y es el
centro vital del universo, el foco desbordante de amor y de vida
inagotable. Unido al Hijo encarnado, presente en la Eucaristía,
todo el cosmos da gracias a Dios. En efecto, la Eucaristía es de
por sí un acto de amor cósmico: «¡Sí, cósmico! Porque también
cuando se celebra sobre el pequeño altar de una iglesia en el
campo, la Eucaristía se celebra, en cierto sentido, *sobre el altar
del mundo*».[166] La Eucaristía une el cielo y la tierra, abraza y pe-
netra todo lo creado. El mundo que salió de las manos de Dios
vuelve a él en feliz y plena adoración. En el Pan eucarístico, «la
creación está orientada hacia la divinización, hacia las santas
bodas, hacia la unificación con el Creador mismo».[167] Por eso, la
Eucaristía es también fuente de luz y de motivación para nuestras preocupaciones por el ambiente, y nos orienta a ser custo-
dios de todo lo creado.

237. El domingo, la participación en la Eucaristía tiene una importancia especial. Ese día, así como el sábado judío, se ofrece
como día de la sanación de las relaciones del ser humano con
Dios, consigo mismo, con los demás y con el mundo. El domingo es el día de la Resurrección, el «primer día» de la nueva
creación, cuya primicia es la humanidad resucitada del Señor,
garantía de la transfiguración final de toda la realidad creada.
Además, ese día anuncia «el descanso eterno del hombre en
Dios».[168] De este modo, la espiritualidad cristiana incorpora el
valor del descanso y de la fiesta. El ser humano tiende a reducir

el descanso contemplativo al ámbito de lo infecundo o innecesario, olvidando que así se quita a la obra que se realiza lo más importante: su sentido. Estamos llamados a incluir en nuestro obrar una dimensión receptiva y gratuita, que es algo diferente de un mero no hacer. Se trata de otra manera de obrar que forma parte de nuestra esencia. De ese modo, la acción humana es preservada no únicamente del activismo vacío, sino también del desenfreno voraz y de la conciencia aislada que lleva a perseguir sólo el beneficio personal. La ley del descanso semanal imponía abstenerse del trabajo el séptimo día «para que reposen tu buey y tu asno y puedan respirar el hijo de tu esclava y el emigrante» (*Ex* 23,12). El descanso es una ampliación de la mirada que permite volver a reconocer los derechos de los demás. Así, el día de descanso, cuyo centro es la Eucaristía, derrama su luz sobre la semana entera y nos motiva a incorporar el cuidado de la naturaleza y de los pobres.

VII. La Trinidad y la relación entre las criaturas

238. El Padre es la fuente última de todo, fundamento amoroso y comunicativo de cuanto existe. El Hijo, que lo refleja, y a través del cual todo ha sido creado, se unió a esta tierra cuando se formó en el seno de María. El Espíritu, lazo infinito de amor, está íntimamente presente en el corazón del universo animando y suscitando nuevos caminos. El mundo fue creado por las tres Personas como un único principio divino, pero cada una de ellas realiza esta obra común según su propiedad personal. Por

eso, «cuando contemplamos con admiración el universo en su grandeza y belleza, debemos alabar a toda la Trinidad».[169]

239. Para los cristianos, creer en un solo Dios que es comunión trinitaria lleva a pensar que toda la realidad contiene en su seno una marca propiamente trinitaria. San Buenaventura llegó a decir que el ser humano, antes del pecado, podía descubrir cómo cada criatura «testifica que Dios es trino». El reflejo de la Trinidad se podía reconocer en la naturaleza «cuando ni ese libro era oscuro para el hombre ni el ojo del hombre se había enturbiado».[170] El santo franciscano nos enseña que *toda criatura lleva en sí una estructura propiamente trinitaria,* tan real que podría ser espontáneamente contemplada si la mirada del ser humano no fuera limitada, oscura y frágil. Así nos indica el desafío de tratar de leer la realidad en clave trinitaria.

240. Las Personas divinas son relaciones subsistentes, y el mundo, creado según el modelo divino, es una trama de relaciones. Las criaturas tienden hacia Dios, y a su vez es propio de todo ser viviente tender hacia otra cosa, de tal modo que en el seno del universo podemos encontrar un sinnúmero de constantes relaciones que se entrelazan secretamente.[171] Esto no sólo nos invita a admirar las múltiples conexiones que existen entre las criaturas, sino que nos lleva a descubrir una clave de nuestra propia realización. Porque la persona humana más crece, más madura y más se santifica a medida que entra en relación, cuando sale de sí misma para vivir en comunión con Dios, con los demás y con todas las criaturas. Así asume en su propia existencia ese dinamismo trinitario que Dios ha impreso en ella desde su creación. Todo está conectado, y eso nos invita

a madurar una espiritualidad de la solidaridad global que brota del misterio de la Trinidad.

VIII. Reina de todo lo creado

241. María, la madre que cuidó a Jesús, ahora cuida con afecto y dolor materno este mundo herido. Así como lloró con el corazón traspasado la muerte de Jesús, ahora se compadece del sufrimiento de los pobres crucificados y de las criaturas de este mundo arrasadas por el poder humano. Ella vive con Jesús completamente transfigurada, y todas las criaturas cantan su belleza. Es la Mujer «vestida de sol, con la luna bajo sus pies, y una corona de doce estrellas sobre su cabeza» (*Ap* 12,1). Elevada al cielo, es Madre y Reina de todo lo creado. En su cuerpo glorificado, junto con Cristo resucitado, parte de la creación alcanzó toda la plenitud de su hermosura. Ella no sólo guarda en su corazón toda la vida de Jesús, que «conservaba» cuidadosamente (cf *Lc* 2,19.51), sino que también comprende ahora el sentido de todas las cosas. Por eso podemos pedirle que nos ayude a mirar este mundo con ojos más sabios.

242. Junto con ella, en la familia santa de Nazaret, se destaca la figura de san José. Él cuidó y defendió a María y a Jesús con su trabajo y su presencia generosa, y los liberó de la violencia de los injustos llevándolos a Egipto. En el Evangelio aparece como un hombre justo, trabajador, fuerte. Pero de su figura emerge también una gran ternura, que no es propia de los débiles sino de los verdaderamente fuertes, atentos a la realidad para amar

y servir humildemente. Por eso fue declarado custodio de la
Iglesia universal. Él también puede enseñarnos a cuidar, puede
motivarnos a trabajar con generosidad y ternura para proteger
este mundo que Dios nos ha confiado.

IX. Más allá del sol

243. Al final nos encontraremos cara a cara frente a la infinita
belleza de Dios (cf. *1 Co* 13,12) y podremos leer con feliz admiración el misterio del universo, que participará con nosotros
de la plenitud sin fin. Sí, estamos viajando hacia el sábado de
la eternidad, hacia la nueva Jerusalén, hacia la casa común del
cielo. Jesús nos dice: «Yo hago nuevas todas las cosas» (*Ap* 21,5).
La vida eterna será un asombro compartido, donde cada criatura, luminosamente transformada, ocupará su lugar y tendrá
algo para aportar a los pobres definitivamente liberados.

244. Mientras tanto, nos unimos para hacernos cargo de esta
casa que se nos confió, sabiendo que todo lo bueno que hay en
ella será asumido en la fiesta celestial. Junto con todas las criaturas, caminamos por esta tierra buscando a Dios, porque, «si
el mundo tiene un principio y ha sido creado, busca al que lo ha
creado, busca al que le ha dado inicio, al que es su Creador».[172]
Caminemos cantando. Que nuestras luchas y nuestra preocupación por este planeta no nos quiten el gozo de la esperanza.

245. Dios, que nos convoca a la entrega generosa y a darlo
todo, nos ofrece las fuerzas y la luz que necesitamos para salir

adelante. En el corazón de este mundo sigue presente el Señor de la vida que nos ama tanto. Él no nos abandona, no nos deja solos, porque se ha unido definitivamente a nuestra tierra, y su amor siempre nos lleva a encontrar nuevos caminos. Alabado sea.

* * * * *

246. Después de esta prolongada reflexión, gozosa y dramática a la vez, propongo dos oraciones, una que podamos compartir todos los que creemos en un Dios creador omnipotente, y otra para que los cristianos sepamos asumir los compromisos con la creación que nos plantea el Evangelio de Jesús.

ORACIÓN POR NUESTRA TIERRA

Dios omnipotente,
que estás presente en todo el universo
y en la más pequeña de tus criaturas,
Tú, que rodeas con tu ternura todo lo que existe,
derrama en nosotros la fuerza de tu amor
para que cuidemos la vida y la belleza.
Inúndanos de paz, para que vivamos como hermanos y hermanas
sin dañar a nadie.
Dios de los pobres,
ayúdanos a rescatar
a los abandonados y olvidados de esta tierra
que tanto valen a tus ojos.

Sana nuestras vidas,
para que seamos protectores del mundo
y no depredadores,
para que sembremos hermosura
y no contaminación y destrucción.
Toca los corazones
de los que buscan sólo beneficios
a costa de los pobres y de la tierra.
Enséñanos a descubrir el valor de cada cosa,
a contemplar admirados,
a reconocer que estamos profundamente unidos
con todas las criaturas
en nuestro camino hacia tu luz infinita.
Gracias porque estás con nosotros todos los días.
Aliéntanos, por favor, en nuestra lucha
por la justicia, el amor y la paz.

ORACIÓN CRISTIANA CON LA CREACIÓN

Te alabamos, Padre, con todas tus criaturas,
que salieron de tu mano poderosa.
Son tuyas,
y están llenas de tu presencia y de tu ternura.
Alabado seas.

Hijo de Dios, Jesús,
por ti fueron creadas todas las cosas.
Te formaste en el seno materno de María,
te hiciste parte de esta tierra,

y miraste este mundo con ojos humanos.
Hoy estás vivo en cada criatura
con tu gloria de resucitado.
Alabado seas.

Espíritu Santo, que con tu luz
orientas este mundo hacia el amor del Padre
y acompañas el gemido de la creación,
tú vives también en nuestros corazones
para impulsarnos al bien.
Alabado seas.

Señor Uno y Trino,
comunidad preciosa de amor infinito,
enséñanos a contemplarte
en la belleza del universo,
donde todo nos habla de ti.
Despierta nuestra alabanza y nuestra gratitud
por cada ser que has creado.
Danos la gracia de sentirnos íntimamente unidos
con todo lo que existe.

Dios de amor,
muéstranos nuestro lugar en este mundo
como instrumentos de tu cariño
por todos los seres de esta tierra,
porque ninguno de ellos está olvidado ante ti.
Ilumina a los dueños del poder y del dinero
para que se guarden del pecado de la indiferencia,
amen el bien común, promuevan a los débiles,

y cuiden este mundo que habitamos.
Los pobres y la tierra están clamando:
Señor, tómanos a nosotros con tu poder y tu luz,
para proteger toda vida,
para preparar un futuro mejor,
para que venga tu Reino
de justicia, de paz, de amor y de hermosura.
Alabado seas.
Amén.

Dado en Roma, junto a San Pedro, el 24 de mayo, Solemnidad de Pentecostés, del año 2015, tercero de mi Pontificado.

Franciscus

Notas

PREFACIO

1. *Cántico de las criaturas*: *Fonti Francescane (FF)*, 263.

2. Carta ap. *Octogesima adveniens* (14 mayo 1971), 21: *AAS* 63 (1971), 416–417.

3. *Discurso a la FAO en su 25 aniversario* (16 noviembre 1970): *AAS* 62 (1970), 833.

4. Carta enc. *Redemptor hominis* (4 marzo 1979), 15: *AAS* 71 (1979), 287.

5. Cf. *Catequesis* (17 enero 2001), 4: *L'Osservatore Romano*, ed. semanal en lengua española (19 enero 2001), 12.

6. Carta enc. *Centesimus annus* (1 mayo 1991), 38: *AAS* 83 (1991), 841.

7. *Ibíd.*, 58, 863.

8. Juan Pablo II, Carta enc. *Sollicitudo rei socialis* (30 diciembre 1987), 34: *AAS* 80 (1988), 559.

9. Cf. Id., Carta enc. *Centesimus annus* (1 mayo 1991), 37: *AAS* 83 (1991), 840.

10. *Discurso al Cuerpo diplomático acreditado ante la Santa Sede* (8 enero 2007): *AAS* 99 (2007), 73.

11. Carta enc. *Caritas in veritate* (29 junio 2009), 51: *AAS* 101 (2009), 687.

12. *Discurso al Deutscher Bundestag, Berlín* (22 septiembre 2011): *AAS* 103 (2011), 664.

13. *Discurso al clero de la Diócesis de Bolzano-Bressanone* (6 agosto 2008): *AAS* 100 (2008), 634.

14. *Mensaje para el día de oración por la protección de la creación* (1 septiembre 2012).

15. *Discurso en Santa Bárbara*, California (8 noviembre 1997); cf. John Chryssavgis, *On Earth as in Heaven: Ecological Vision and Initiatives of Ecumenical Patriarch Bartholomew*, Bronx, New York, 2012.

16. *Ibíd.*, 9.

17. *Conferencia en el Monasterio de Utstein*, Noruega (23 junio 2003).

18. Discurso «*Global Responsibility and Ecological Sustainability: Closing Remarks*», I Vértice de Halki, Estambul (20 junio 2012).

19. Tomás de Celano, *Vida primera de San Francisco*, XXIX, 81: *FF* 460.

20. *Legenda maior*, VIII, 6: *FF* 1145.

21. Cf. Tomás de Celano, *Vida segunda de San Francisco*, CXXIV, 165: *FF* 750.

22. Conferencia de los Obispos Católicos del Sur de África, *Pastoral Statement on the Environmental Crisis* (5 septiembre 1999).

CAPÍTULO I: LO QUE LE ESTÁ PASANDO A NUESTRA CASA

23. Cf. *Saludo al personal de la FAO* (20 noviembre 2014): *AAS* 106 (2014), 985.

24. V Conferencia General del Episcopado Latinoamericano y del Caribe, *Documento de Aparecida* (29 junio 2007), 86.

25. Conferencia de los Obispos Católicos de Filipinas, Carta pastoral *What is Happening to our Beautiful Land?* (29 enero 1988).

26. Conferencia Episcopal Boliviana, Carta pastoral sobre medio ambiente y desarrollo humano en Bolivia *El universo, don de Dios para la vida* (2012), 17.

27. Cf. Conferencia Episcopal Alemana. Comisión para Asuntos Sociales, *Der Klimawandel: Brennpunkt globaler, intergenerationeller und ökologischer Gerechtigkeit* (septiembre 2006), 28-30.

28. Consejo Pontificio Justicia y Paz, *Compendio de la Doctrina Social de la Iglesia*, 483.

29. *Catequesis* (5 junio 2013): *L'Osservatore Romano*, ed. semanal en lengua española (7 junio 2013), 12.

30. Obispos de la región de Patagonia-Comahue (Argentina), *Mensaje de Navidad* (diciembre 2009), 2.

31. Conferencia de los Obispos Católicos de los Estados Unidos, *Global Climate Change: A Plea for Dialogue, Prudence and the Common Good* (15 junio 2001).

32. V Conferencia General del Episcopado Latinoamericano y del Caribe, *Documento de Aparecida* (29 junio 2007), 471.

33. Exhort. ap. *Evangelii gaudium* (24 noviembre 2013), 56: *AAS* 105 (2013), 1043.

34. Juan Pablo II, *Mensaje para la Jornada Mundial de la Paz 1990*, 12: *AAS* 82 (1990), 154.

35. Id., *Catequesis* (17 enero 2001), 3: *L'Osservatore Romano*, ed. semanal en lengua española (19 enero 2001), 12.

CAPÍTULO 2: EL EVANGELIO DE LA CREACIÓN

36. Juan Pablo II, *Mensaje para la Jornada Mundial de la Paz 1990*, 15: *AAS* 82 (1990), 156.

37. *Catecismo de la Iglesia Católica*, 357.

38. Cf. *Angelus* (16 noviembre 1980): *L'Osservatore Romano*, ed. semanal en lengua española (23 noviembre 1980), 9.

39. Benedicto XVI, *Homilía en el solemne inicio del ministerio petrino* (24 abril 2005): *AAS* 97 (2005), 711.

40. Cf. *Legenda maior*, VIII, 1: *FF* 1134.

41. *Catecismo de la Iglesia Católica*, 2416.

42. Conferencia Episcopal Alemana, *Zukunft der Schöpfung – Zukunft der Menschheit. Erklärung der Deutschen Bischofskonferenz zu Fragen der Umwelt und der Energieversorgung* (1980), II, 2.

43. *Catecismo de la Iglesia Católica*, 339.

44. *Hom. in Hexaemeron*, I, 2, 10: *PG* 29, 9.

45. *Divina Comedia. Paraíso*, Canto XXXIII, 145.

46. Benedicto XVI, *Catequesis* (9 noviembre 2005), 3: *L'Osservatore Romano*, ed. semanal en lengua española (11 noviembre 2005), 20.

47. Id., Carta enc. *Caritas in veritate* (29 junio 2009), 51: *AAS* 101 (2009), 687.

48. Juan Pablo II, *Catequesis* (24 abril 1991), 6: *L'Osservatore Romano*, ed. semanal en lengua española (26 abril 1991), 6.

49. El *Catecismo* explica que Dios quiso crear un mundo en camino hacia su perfección última y que esto implica la presencia de la imperfección y del mal físico; cf. *Catecismo de la Iglesia Católica*, 310.

50. Cf. Conc. Ecum. Vat. II, Const. past. *Gaudium et spes*, sobre la Iglesia en el mundo actual, 36.

51. Tomás de Aquino, *Summa Theologiae* I, q. 104, art. 1, ad 4.

52. Id., *In octo libros Physicorum Aristotelis expositio*, lib. II, lectio 14.

53. En esta perspectiva se sitúa la aportación del P. Teilhard de Chardin; cf. Pablo VI, *Discurso en un establecimiento químico-farmacéutico* (24 febrero 1966): *Insegnamenti* 4 (1966), 992-993; Juan Pablo II, *Carta al reverendo P. George V. Coyne* (1 junio 1988): *Insegnamenti* 5/2 (2009), 60; Benedicto XVI, *Homilía para la celebración de las Vísperas en Aosta* (24 julio 2009): *L'Osservatore romano*, ed. semanal en lengua española (31 julio 2009), 3s.

54. Juan Pablo II, *Catequesis* (30 enero 2002), 6: *L'Osservatore Romano*, ed. semanal en lengua española (1 febrero 2002), 12.

55. Conferencia de los Obispos Católicos de Canadá. Comisión para los Asuntos Sociales, Carta pastoral *You love all that exists... all things are yours, God, Lover of Life* (4 octubre 2003), 1.

56. Conferencia de los Obispos Católicos de Japón, *Reverence for Life. A Message for the Twenty-First Century* (1 enero 2001), n. 89.

57. Juan Pablo II, *Catequesis* (26 enero 2000), 5: *L'Osservatore Romano*, ed. semanal en lengua española (28 enero 2000), 3.

58. Id., *Catequesis* (2 agosto 2000), 3: *L'Osservatore Romano*, ed. semanal en lengua española (4 agosto 2000), 8.

59. Paul Ricoeur, *Philosophie de la volonté* II. *Finitude et culpabilité*, Paris 2009, 2016 (ed. esp.: *Finitud y culpabilidad*, Madrid 1967, 249).

60. *Summa Theologiae* I, q. 47, art. 1.

61. *Ibíd.*

62. Cf. *ibíd.*, art. 2, ad 1; art. 3.

63. *Catecismo de la Iglesia Católica*, 340.

64. *Cántico de las criaturas: FF* 263.

65. Cf. Conferencia Nacional de los Obispos de Brasil, *A Igreja e a questão ecológica* (1992), 53–54.

66. *Ibíd.*, 61.

67. Exhort. ap. *Evangelii gaudium* (24 noviembre 2013), 215: *AAS* 105 (2013), 1109.

68. Cf. Benedicto XVI, Carta enc. *Caritas in veritate* (29 junio 2009), 14: *AAS* 101 (2009), 650.

69. *Catecismo de la Iglesia Católica*, 2418.

70. Conferencia del Episcopado Dominicano, Carta pastoral *Sobre la relación del hombre con la naturaleza* (21 enero 1987).

71. Juan Pablo II, Carta enc. *Laborem exercens* (14 septiembre 1981), 19: *AAS* 73 (1981), 626.

72. Carta enc. *Centesimus annus* (1 mayo 1991), 31: *AAS* 83 (1991), 831.

73. Carta enc. *Sollicitudo rei socialis* (30 diciembre 1987), 33: *AAS* 80 (1988), 557.

74. *Discurso a los indígenas y campesinos de México, Cuilapán* (29 enero 1979), 6: *AAS* 71 (1979), 209.

75. *Homilía durante la Misa celebrada para los agricultores en Recife, Brasil* (7 julio 1980), 4: *AAS* 72 (1980), 926.

76. Cf. *Mensaje para la Jornada Mundial de la Paz 1990*, 8: *AAS* 82 (1990), 152.

77. Conferencia Episcopal Paraguaya, Carta pastoral *El campesino paraguayo y la tierra* (12 junio 1983), 2, 4, d.

78. Conferencia Episcopal de Nueva Zelanda, *Statement on Environmental Issues*, Wellington (1 septiembre 2006).

79. Carta enc. *Laborem exercens* (14 septiembre 1981), 27: *AAS* 73 (1981), 645.

80. Por eso san Justino podía hablar de «semillas del Verbo» en el mundo; cf. *II Apología* 8, 1–2; 13, 3–6: *PG* 6, 457–458; 467.

164 NOTAS

CAPÍTULO 3: RAÍZ HUMANA DE LA CRISIS ECOLÓGICA

81. Juan Pablo II, *Discurso a los representantes de la ciencia, de la cultura y de los altos estudios en la Universidad de las Naciones Unidas,* Hiroshima (25 febrero 1981), 3: *AAS* 73 (1981), 422.

82. Benedicto XVI, Carta enc. *Caritas in veritate* (29 junio 2009), 69: *AAS* 101 (2009), 702.

83. Romano Guardini, *Das Ende der Neuzeit,* Würzburg 1965⁹, 87 (ed. esp.: *El ocaso de la Edad Moderna,* Madrid 1958, 111–112).

84. *Ibíd.* (ed. esp.: 112).

85. *Ibíd.,* 87–88 (ed. esp.: 112).

86. Consejo Pontificio Justicia y Paz, *Compendio de la Doctrina Social de la Iglesia,* 462.

87. Romano Guardini, *Das Ende der Neuzeit,* 63s (ed. esp.: *El ocaso de la Edad Moderna,* 83–84).

88. *Ibíd.,* 64 (ed. esp.: 84).

89. Cf. Benedicto XVI, Carta enc. *Caritas in veritate* (29 junio 2009), 35: *AAS* 101 (2009), 671.

90. *Ibíd.,* 22: 657.

91. Exhort. ap. *Evangelii gaudium* (24 noviembre 2013), 231: *AAS* 105 (2013), 1114.

92. Romano Guardini, *Das Ende der Neuzeit,* 63 (ed. esp.: *El ocaso de la Edad Moderna,* 83).

93. Juan Pablo II, Carta enc. *Centesimus annus* (1 mayo 1991), 38: *AAS* 83 (1991), 841.

94. Cf. Declaración *Love for Creation. An Asian Response to the Ecological Crisis,* Coloquio promovido por la Federación de las Conferencias Episcopales de Asia (Tagaytay 31 enero – 5 febrero 1993), 3.3.2.

95. Juan Pablo II, Carta enc. *Centesimus annus* (1 mayo 1991), 37: *AAS* 83 (1991), 840.

96. Benedicto XVI, *Mensaje para la Jornada Mundial de la Paz 2010,* 2: *AAS* 102 (2010), 41.

97. Id., Carta enc. *Caritas in veritate* (29 junio 2009), 28: *AAS* 101 (2009), 663.

98. Cf. Vicente de Lerins, *Commonitorium primum*, cap. 23: *PL* 50, 668: «Ut annis scilicet consolidetur, dilatetur tempore, sublimetur aetate».

99. N. 80: *AAS* 105 (2013), 1053.

100. Conc. Ecum. Vat. II, Const. past. *Gaudium et spes*, sobre la Iglesia en el mundo actual, 63.

101. Cf. Juan Pablo II, Carta enc. *Centesimus annus* (1 mayo 1991), 37: *AAS* 83 (1991), 840.

102. Pablo VI, Carta enc. *Populorum progressio* (26 marzo 1967), 34: *AAS* 59 (1967), 274.

103. Benedicto XVI, Carta enc. *Caritas in veritate* (29 junio 2009), 32: *AAS* 101 (2009), 666.

104. *Ibíd.*

105. *Ibíd.*, 101.

106. *Catecismo de la Iglesia Católica*, 2417.

107. *Ibíd.*, 2418.

108. *Ibíd.*, 2415.

109. *Mensaje para la Jornada Mundial de la Paz 1990*, 6: *AAS* 82 (1990), 150.

110. *Discurso a la Pontificia Academia de las Ciencias* (3 octubre 1981), 3: *L'Osservatore Romano*, ed. semanal en lengua española (8 noviembre 1981), 7.

111. *Mensaje para la Jornada Mundial de la Paz 1990*, 7: *AAS* 82 (1990), 151.

112. Juan Pablo II, *Discurso a la 35 Asamblea General de la Asociación Médica Mundial* (29 octubre 1983), 6: *AAS* 76 (1984), 394.

113. Comisión Episcopal de Pastoral social de Argentina, *Una tierra para todos* (junio 2005), 19.

CAPÍTULO 4: UNA ECOLOGÍA INTEGRAL

114. *Declaración de Río sobre el medio ambiente y el desarrollo* (14 junio 1992), Principio 4.

115. Exhort. ap. *Evangelii gaudium* (24 noviembre 2013), 237: *AAS* 105 (2013), 1116.

116. Benedicto XVI, Carta enc. *Caritas in veritate* (29 junio 2009), 51: *AAS* 101 (2009), 687.

117. Algunos autores han mostrado los valores que suelen vivirse, por ejemplo, en las «villas», chabolas o favelas de América Latina: cf. Juan Carlos Scannone, S.J., «La irrupción del pobre y la lógica de la gratuidad», en Juan Carlos Scannone y Marcelo Perine (eds.), *Irrupción del pobre y quehacer filosófico. Hacia una nueva racionalidad*, Buenos Aires 1993, 225–230.

118. Consejo Pontificio Justicia y Paz, *Compendio de la Doctrina Social de la Iglesia*, 482.

119. Exhort. ap. *Evangelii gaudium* (24 noviembre 2013), 210: *AAS* 105 (2013), 1107.

120. *Discurso al Deutscher Bundestag, Berlín* (22 septiembre 2011): *AAS* 103 (2011), 668.

121. *Catequesis* (15 abril 2015): *L'Osservatore Romano*, ed. semanal en lengua española (17 abril 2015), 2.

122. Conc. Ecum. Vat. II, Const. past. *Gaudium et spes*, sobre la Iglesia en el mundo actual, 26.

123. Cf. n. 186–201: *AAS* 105 (2013), 1098–1105.

124. Conferencia Episcopal Portuguesa, Carta pastoral *Responsabilidade solidária pelo bem comum* (15 septiembre 2003), 20.

125. Benedicto XVI, *Mensaje para la Jornada Mundial de la Paz 2010*, 8: *AAS* 102 (2010), 45.

CAPÍTULO 5: ALGUNAS LÍNEAS DE ORIENTACIÓN Y ACCIÓN

126. *Declaración de Río sobre el medio ambiente y el desarrollo* (14 junio 1992), Principio 1.

127. Conferencia Episcopal Boliviana, Carta pastoral sobre medio ambiente y desarrollo humano en Bolivia *El universo, don de Dios para la vida* (2012), 86.

128. Consejo Pontificio Justicia y Paz, *Energía, justicia y paz*, IV, 1, Ciudad del Vaticano 2013, 57.

129. Benedicto XVI, Carta enc. *Caritas in veritate* (29 junio 2009), 67:
     AAS 101 (2009), 700.

130. Exhort. ap. *Evangelii gaudium* (24 noviembre 2013), 222: *AAS* 105
     (2013), 1111.

131. Consejo Pontificio Justicia y Paz, *Compendio de la Doctrina Social
     de la Iglesia*, 469.

132. *Declaración de Río sobre el medio ambiente y el desarrollo* (14 junio
     1992), Principio 15.

133. Cf. Conferencia del Episcopado Mexicano. Comisión Episcopal
     para la Pastoral Social, *Jesucristo, vida y esperanza de los indígenas y
     campesinos* (14 enero 2008).

134. Consejo Pontificio Justicia y Paz, *Compendio de la Doctrina Social
     de la Iglesia*, 470.

135. *Mensaje para la Jornada Mundial de la Paz 2010*, 9: *AAS* 102 (2010),
     46.

136. *Ibíd.*

137. *Ibíd.*, 5: 43.

138. Benedicto XVI, Carta enc. *Caritas in veritate* (29 junio 2009), 50:
     AAS 101 (2009), 686.

139. Exhort. ap. *Evangelii gaudium* (24 noviembre 2013), 209: *AAS* 105
     (2013), 1107.

140. *Ibíd.*, 228: 1113.

141. Cf. Carta enc. *Lumen fidei* (29 junio 2013), 34: *AAS* 105 (2013), 577:
     «La luz de la fe, unida a la verdad del amor, no es ajena al mundo
     material, porque el amor se vive siempre en cuerpo y alma; la luz de
     la fe es una luz encarnada, que procede de la vida luminosa de Jesús.
     Ilumina incluso la materia, confía en su ordenamiento, sabe que en
     ella se abre un camino de armonía y de comprensión cada vez más
     amplio. La mirada de la ciencia se beneficia así de la fe: esta invita al
     científico a estar abierto a la realidad, en toda su riqueza inagotable.
     La fe despierta el sentido crítico, en cuanto que no permite que la in-
     vestigación se conforme con sus fórmulas y la ayuda a darse cuenta de
     que la naturaleza no se reduce a ellas. Invitando a maravillarse ante el
     misterio de la creación, la fe ensancha los horizontes de la razón para
     iluminar mejor el mundo que se presenta a los estudios de la ciencia».

142. Exhort. ap. *Evangelii gaudium* (24 noviembre 2013), 256: *AAS* 105 (2013), 1123.

143. *Ibíd.*, 231: 1114.

CAPÍTULO 6: EDUCACIÓN Y ESPIRITUALIDAD ECOLÓGICA

144. *Das Ende der Neuzeit*, Würzburg 1965⁹, 66–67 (ed. esp.: *El ocaso de la Edad Moderna*, Madrid 1958, 87).

145. Juan Pablo II, *Mensaje para la Jornada Mundial de la Paz 1990*, 1: *AAS* 82 (1990), 147.

146. Benedicto XVI, Carta enc. *Caritas in veritate* (29 junio 2009), 66: *AAS* 101 (2009), 699.

147. Id., *Mensaje para la Jornada Mundial de la Paz 2010*, 11: *AAS* 102 (2010), 48.

148. *Carta de la Tierra*, La Haya (29 junio 2000).

149. Juan Pablo II, Carta enc. *Centesimus annus* (1 mayo 1991), 39: *AAS* 83 (1991), 842.

150. Id., *Mensaje para la Jornada Mundial de la Paz 1990*, 14: *AAS* 82 (1990), 155.

151. Exhort. ap. *Evangelii gaudium* (24 noviembre 2013), 261: *AAS* 105 (2013), 1124.

152. Benedicto XVI, *Homilía en el solemne inicio del ministerio petrino* (24 abril 2005): *AAS* 97 (2005), 710.

153. Conferencia de los Obispos católicos de Australia, *A New Earth – The Environmental Challenge* (2002).

154. Romano Guardini, *Das Ende der Neuzeit*, 72 (ed. esp.: *El ocaso de la Edad Moderna*, 93).

155. Exhort. ap. *Evangelii gaudium* (24 noviembre 2013), 71: *AAS* 105 (2013), 1050.

156. Benedicto XVI, Carta enc. *Caritas in veritate* (29 junio 2009), 2: *AAS* 101 (2009), 642.

157. Pablo VI, *Mensaje para la Jornada Mundial de la Paz 1977*: *AAS* 68 (1976), 709.

158. Consejo Pontificio Justicia y Paz, *Compendio de la Doctrina Social de la Iglesia*, 582.

159. Un maestro espiritual, Ali Al-Kawwas, desde su propia experiencia, también destacaba la necesidad de no separar demasiado las criaturas del mundo de la experiencia de Dios en el interior. Decía: «No hace falta criticar prejuiciosamente a los que buscan el éxtasis en la música o en la poesía. Hay un secreto sutil en cada uno de los movimientos y sonidos de este mundo. Los iniciados llegan a captar lo que dicen el viento que sopla, los árboles que se doblan, el agua que corre, las moscas que zumban, las puertas que crujen, el canto de los pájaros, el sonido de las cuerdas o las flautas, el suspiro de los enfermos, el gemido de los afligidos...» (Eva De Vitray-Meyerovitch [ed.], *Anthologie du soufisme*, Paris 1978, 200).

160. *In II Sent.*, 23, 2, 3.

161. *Cántico espiritual*, XIV–XV, 5.

162. *Ibíd.*

163. *Ibíd.*, XIV–XV, 6–7.

164. Juan Pablo II, Carta ap. *Orientale lumen* (2 mayo 1995), 11: *AAS* 87 (1995), 757.

165. *Ibíd.*

166. Id., Carta enc. *Ecclesia de Eucharistia* (17 abril 2003), 8: *AAS* 95 (2003), 438.

167. Benedicto XVI, *Homilía en la Misa del Corpus Christi* (15 junio 2006): *AAS* 98 (2006), 513.

168. *Catecismo de la Iglesia Católica*, 2175.

169. Juan Pablo II, *Catequesis* (2 agosto 2000), 4: *L'Osservatore Romano*, ed. semanal en lengua española (4 agosto 2000), 8.

170. *Quaest. disp. de Myst. Trinitatis*, 1, 2, concl.

171. Cf. Tomás de Aquino, *Summa Theologiae* I, q. 11, art. 3; q. 21, art. 1, ad 3; q. 47, art. 3.

172. Basilio Magno, *Hom. in Hexaemeron*, 1, 2, 6: *PG* 29, 8.

Nacido Jorge Mario Bergoglio, el **PAPA FRANCISCO** ha sido el Papa de la iglesia católica desde 13 marzo 2013, cuando ascendió al pontífice 266. Él es el primer latinoamericano y el primer jesuita que lidera a la iglesia católica romana—y el primer líder no europeo en 1.200 años. Adoptó el nombre Franciso por St. Francisco de Asís. Nacido en Buenos Aires en 1936 de padres inmigrantes italianos, el Papa Francisco fue ordenado como sacerdote católico en 1969. Llegó a ser un obispo en 1992 y el arzobispo de Buenos Aires en 1998, y, en 2001, fue nombrado cardenal por el Papa Juan Pablo II. Dedicado a la rectificación de las injusticias sociales y la desigualdad económica, el Papa Francisco ha dicho que «quisiera ver una Iglesia pobre y para los pobres».